第一推动丛书: 宇宙系列
The Cosmos Series

# 时间简史
# A Brief History of Time

［英］史蒂芬·霍金 著　许明贤 吴忠超 译
Stephen Hawking

U0339551

湖南科学技术出版社

THE
FIRST
MOVER

# 总序

《第一推动丛书》编委会

　　科学，特别是自然科学，最重要的目标之一，就是追寻科学本身的原动力，或曰追寻其第一推动。同时，科学的这种追求精神本身，又成为社会发展和人类进步的一种最基本的推动。

　　科学总是寻求发现和了解客观世界的新现象，研究和掌握新规律，总是在不懈地追求真理。科学是认真的、严谨的、实事求是的，同时，科学又是创造的。科学的最基本态度之一就是疑问，科学的最基本精神之一就是批判。

　　的确，科学活动，特别是自然科学活动，比起其他的人类活动来，其最基本特征就是不断进步。哪怕在其他方面倒退的时候，科学却总是进步着，即使是缓慢而艰难的进步。这表明，自然科学活动中包含着人类的最进步因素。

　　正是在这个意义上，科学堪称人类进步的"第一推动"。

　　科学教育，特别是自然科学的教育，是提高人们素质的重要因素，是现代教育的一个核心。科学教育不仅使人获得生活和工作所需的知识和技能，更重要的是使人获得科学思想、科学精神、科学态度以及科学方法的熏陶和培养，使人获得非生物本能的智慧，获得非与生俱来的灵魂。可以这样说，没有科学的"教育"，只是培养信仰，而不是教育。没有受过科学教育的人，只能称为受过训练，而非受过教育。

　　正是在这个意义上，科学堪称使人进化为现代人的"第一推动"。

近百年来，无数仁人志士意识到，强国富民再造中国离不开科学技术，他们为摆脱愚昧与无知做了艰苦卓绝的奋斗。中国的科学先贤们代代相传，不遗余力地为中国的进步献身于科学启蒙运动，以图完成国人的强国梦。然而可以说，这个目标远未达到。今日的中国需要新的科学启蒙，需要现代科学教育。只有全社会的人具备较高的科学素质，以科学的精神和思想、科学的态度和方法作为探讨和解决各类问题的共同基础和出发点，社会才能更好地向前发展和进步。因此，中国的进步离不开科学，是毋庸置疑的。

正是在这个意义上，似乎可以说，科学已被公认是中国进步所必不可少的推动。

然而，这并不意味着，科学的精神也同样地被公认和接受。虽然，科学已渗透到社会的各个领域和层面，科学的价值和地位也更高了，但是，毋庸讳言，在一定的范围内或某些特定时候，人们只是承认"科学是有用的"，只停留在对科学所带来的结果的接受和承认，而不是对科学的原动力——科学的精神的接受和承认。此种现象的存在也是不能忽视的。

科学的精神之一，是它自身就是自身的"第一推动"。也就是说，科学活动在原则上不隶属于服务于神学，不隶属于服务于儒学，科学活动在原则上也不隶属于服务于任何哲学。科学是超越宗教差别的，超越民族差别的，超越党派差别的，超越文化和地域差别的，科学是普适的、独立的，它自身就是自身的主宰。

湖南科学技术出版社精选了一批关于科学思想和科学精神的世界名著，请有关学者译成中文出版，其目的就是传播科学精神和科学思想，特别是自然科学的精神和思想，从而起到倡导科学精神，推动科技发展，对全民进行新的科学启蒙和科学教育的作用，为中国的进步做一点推动。丛书定名为"第一推动"，当然并非说其中每一册都是第一推动，但是可以肯定，蕴含在每一册中的科学的内容、观点、思想和精神，都会使你或多或少地更接近第一推动，或多或少地发现自身如何成为自身的主宰。

# 出版30年序
# 苹果与利剑

龚曙光

**2022年10月12日**

从上次为这套丛书作序到今天，正好五年。

这五年，世界过得艰难而悲催！先是新冠病毒肆虐，后是俄乌冲突爆发，再是核战阴云笼罩……几乎猝不及防，人类沦陷在了接踵而至的灾难中。一方面，面对疫情人们寄望科学救助，结果是呼而未应；一方面，面对战争人们反对科技赋能，结果是拒而不止。科技像一柄利剑，以其造福与为祸的双刃，深深地刺伤了人们安宁平静的生活，以及对于人类文明的信心。

在此时点，我们再谈科学，再谈科普，心情难免忧郁而且纠结。尽管科学伦理是个古老问题，但当她不再是一个学术命题，而是一个生存难题时，我的确做不到无动于，衷漠然置之。欣赏科普的极端智慧和极致想象，如同欣赏那些伟大的思想和不朽的艺术，都需要一种相对安妥宁静的心境。相比于五年前，这种心境无疑已时过境迁。

然而，除了执拗地相信科学能拯救科学并且拯救人类，我们还能有其他的选择吗？我当然知道，科技从来都是一把双刃剑，但我相信，科普却永远是无害的，她就像一只坠落的苹果，一面是极端的智慧，一面是极致的想象。

我很怀念五年前作序时的心情，那是一种对科学的纯净信仰，对科普的纯粹审美。我愿意将这篇序言附录于后，以此纪念这套丛书出版发行的黄金岁月，以此呼唤科学技术和平发展的黄金时代。

## 出版25年序
## 一个坠落苹果的两面：
## 极端智慧与极致想象

龚曙光

2017年9月8日凌晨于抱朴庐

连我们自己也很惊讶，《第一推动丛书》已经出了25年。

或许，因为全神贯注于每一本书的编辑和出版细节，反倒忽视了这套丛书的出版历程，忽视了自己头上的黑发渐染霜雪，忽视了团队编辑的老退新替，忽视了好些早年的读者已经成长为多个领域的栋梁。

对于一套丛书的出版而言，25年的确是一段不短的历程；对于科学研究的进程而言，四分之一个世纪更是一部跨越式的历史。古人"洞中方七日，世上已千秋"的时间感，用来形容人类科学探求的日新月异，倒也恰当和准确。回头看看我们逐年出版的这些科普著作，许多当年的假设已经被证实，也有一些结论被证伪；许多当年的理论已经被孵化，也有一些发明被淘汰……

无论这些著作阐释的学科和学说属于以上所说的哪种状况，都本质地呈现了科学探索的旨趣与真相：科学永远是一个求真的过程，所谓的真理，都只是这一过程中的阶段性成果。论证被想象讪笑，结论被假设挑衅，人类以其最优越的物种秉赋——智慧，让锐利无比的理性之刃，和绚烂无比的想象之花相克相生，相否相成。在形形色色的生活中，似乎没有哪一个领域如同科学探索一样，既是一次次伟大的理性历险，又是一次次极致的感性审美。科学家们穷其毕生所奉献的，不仅仅是我们无法发现的科学结论，还是我们无法展开的绚丽想象。在我们难以感知的极小与极大世界中，没有他们记历这些伟大历险和极致审美的科普著作，我们不但永远无法洞悉我们赖以生存的世界的各种奥秘，无法领略我们难以抵达世界的各种美丽，更无法认知人类在找到真理和遭遇美景时的心路历程。在这个意义上，科普是人类极端智慧和极致审美的结晶，是物种独有的精神文本，是人类任何其他创造 —— 神学、哲学、文学和艺术都无法替代的文明载体。

在神学家给出"我是谁"的结论后，整个人类，不仅仅是科学家，也包括庸常生活中的我们，都企图突破宗教教义的铁窗，自由探求世界的本质。于是，时间、物质和本源，成为了人类共同的终极探寻之地，成为了人类突破慵懒、挣脱琐碎、拒绝因袭的历险之旅。这一旅程中，引领着我们艰难而快乐前行的，是那一代又一代最伟大的科学家。他们是极端的智者和极致的幻想家，是真理的先知和审美的天使。

我曾有幸采访《时间简史》的作者史蒂芬·霍金，他痛苦地斜躺在轮椅上，用特制的语音器和我交谈。聆听着由他按击出的极其单调的金属般的音符，我确信，那个只留下萎缩的躯干和游丝一般生命气息的智者就是先知，就是上帝遣派给人类的孤独使者。倘若不是亲眼所见，你根本无法相信，那些深奥到极致而又浅白到极致，简练到极致而又美丽到极致的天书，竟是他蜷缩在轮椅上，用唯一能够动弹的手指，一个语音一个语音按击出来的。如果不是为了引导人类，你想象不出他人生此行还能有其他的目的。

　　无怪《时间简史》如此畅销！自出版始，每年都在中文图书的畅销榜上。其实何止《时间简史》，霍金的其他著作，《第一推动丛书》所遴选的其他作者的著作，25 年来都在热销。据此我们相信，这些著作不仅属于某一代人，甚至不仅属于 20 世纪。只要人类仍在为时间、物质乃至本源的命题所困扰，只要人类仍在为求真与审美的本能所驱动，丛书中的著作便是永不过时的启蒙读本，永不熄灭的引领之光。虽然著作中的某些假说会被否定，某些理论会被超越，但科学家们探求真理的精神，思考宇宙的智慧，感悟时空的审美，必将与日月同辉，成为人类进化中永不腐朽的历史界碑。

　　因而在 25 年这一时间节点上，我们合集再版这套丛书，便不只是为了纪念出版行为本身，更多的则是为了彰显这些著作的不朽，为了向新的时代和新的读者告白：21 世纪不仅需要科学的功利，还需要科学的审美。

　　当然，我们深知，并非所有的发现都为人类带来福祉，并非所有的创造都为世界带来安宁。在科学仍在为政治集团和经济集团所利用，甚至垄断的时代，初衷与结果悖反、无辜与有罪并存的科学公案屡见不鲜。对于科学可能带来的负能量，只能由了解科技的公民用群体的意愿抑制和抵消：选择推进人类进化的科学方向，选择造福人类生存的科学发现，是每个现代公民对自己，也是对物种应当肩负的一份责任、应该表达的一种诉求！在这一理解上，我们不但将科普阅读视为一种个人爱好，而且视为一种公共使命！

　　牛顿站在苹果树下，在苹果坠落的那一刹那，他的顿悟一定不只包含了对于地心引力的推断，也包含了对于苹果与地球、地球与行星、行星与未知宇宙奇妙关系的想象。我相信，那不仅仅是一次枯燥之极的理性推演，也是一次瑰丽之极的感性审美……

　　如果说，求真与审美是这套丛书难以评估的价值，那么，极端的智慧与极致的想象，就是这套丛书无法穷尽的魅力！

# 译者序

吴忠超
2020年10月　杭州望湖楼

　　宇宙诞生于138亿年前的一次大爆炸,宇宙孕育出生命,生命又涌现出意识。三四百万年前人类出现,他们拥有与生俱来的最素朴的时空观:时间从无限的过去向无限的未来永恒流逝,空间在三个垂直的方向上往两边无限伸展。

　　宇宙浩渺,星空灿烂。哥白尼意识到,我们栖居的地球仅是一颗围绕着太阳运行的行星;伽利略研究了地球上的物体运动规律;开普勒发现了行星运动定律;而牛顿的三大经典力学定律和万有引力定律则制约了地球上和太空中一切物体的运动。

　　在伽利略–牛顿体系中,所有的运动都是相对于坐标系进行的。存在所谓的惯性坐标系,只有相对于它们这些定律才能成立。而不同的惯性坐标系进行匀速直线的相互运动。从数学上看,之所以如此,那是因为这些定律在形式上都不牵涉系统位置对时间的零阶和一阶导数。具有思维功能的生命都能体验到,在平稳行驶的密闭船内无法觉察到它在运动。

　　正是伽利略和牛顿将此凝炼为所谓的古典相对论。

空间和时间的均匀性分别导致动量和能量的守恒，空间的各向同性导致角动量的守恒。人们最熟视无睹的简单现象往往隐含着最强大的威力。

物体是定域的物质，非定域的物质是场。库伦发现电荷产生电场；安培发现电流产生磁场；法拉第发现变化的磁场产生电场；为了使这个图景在数学上自洽，麦克斯韦断言变化的电场必然产生磁场。这一切都被总结在他的电磁场理论中。他还推导出，电磁场的波动即电磁波在真空中的传播速率是光速，并由此猜测光是电磁波的一种。麦克斯韦死后9年，赫兹在实验中发现了电磁波。麦克斯韦离世那一年爱因斯坦出生。

古典相对论容纳不下真空光速的普适性和有限性，所以许多人认为法拉第−麦克斯韦电动力学只在特定的惯性系中才成立。为了和其他惯性系相区别，他们设想真空中充满了称为"以太"的光媒体，以太相对于这个特定的惯性系静止，光只有在相对于以太时，其传播速率才为麦克斯韦推出的那个常数。1887年，迈克尔孙和莫雷用后来冠以他们名字的光学干涉仪来检测以太的存在和运动，实验结果是否定的。为了维持以太模型，费茨杰拉德和洛伦兹先后设想：物体在相对于以太运动时，在运动方向上的尺度将被收缩。

1905年，爱因斯坦提出了狭义相对论。他认为，如果摒弃物体长度和事件同时的绝对性，而将时间和空间合并为被称作时空的四维连续统，则可以找到同时满足相对性原理和光速不变原理的解决方案。那就是只要假定在做相对匀速直线运动的惯性系之间，时空坐标值受到被称为洛伦兹－彭加莱变换的线性变换。由这个变换可以推导出运动物体在运动方向的收缩、运动的时钟变慢、彭罗斯－特雷尔旋转和温度倒数四矢量等。这样，不能被检测到的以太根本就不存在，一切惯性系都是等效的，而费茨杰拉德和洛伦兹的设想遂成为科学史上的化石。所有的物理规律，当然包括电动力学，在这些坐标系中都应取相同的形式。

狭义相对论断言，所有物质的速率都不能超过光速。因为信息的传输需要物质载体，所以光速其实也就是信息传播的最大速率，这样时空中两个事件之间的关系可以分成因果相关和因果无关的两类；爱因斯坦还推导出，能量等于质量乘以光速的平方，因而质量守恒定律和能量守恒定律合二为一。

其实，只要在真空中存在服从任何形式的自由波动方程的场，那么这类场的传播速率就是唯一的，由此古典相对论必然被扬弃，而被狭义相对论超越。电磁波恰好是我们在自然界理解的第一种这类波动。我们捕捉到第二种就是百年以后的事了。因为数学不允许存在多于一个这样的普适速率，所以我们不妨将这个速率设定为无量纲的1。

不过，引力无法被容纳在狭义相对论的平坦时空中。那是因为引力作用具有一个其他相互作用所不具备的特性，即引力质量和惯性质量相等，这就导致受引力作用的物体的加速度与其质量无关。据说伽利略为了证伪亚里士多德的观念，在比萨斜塔上做了自由落体实验，发现落体加速度与其质量无关。但这个实验更深远的意义虽然逃脱了伽利略和牛顿的犀利的眼光，却在三个世纪后被爱因斯坦的直觉捕捉。他认为我们无法区分引力和加速坐标系中的惯性力，因此提出引力场是由时空的行为来体现的。

另一方面，马赫要追究惯性坐标系的高贵起源，它绝不能无来由地基于一种无法观察到的缘由而被先验地选取，因此惯性系和无限远处的物质分布之间不能存在相互转动。他以思想实验来论证这个观点，用所谓的马赫桶来取代牛顿桶。而爱因斯坦却认为，桶的行为实际是受局域引力场即时空度规制约的。

爱因斯坦提出，物理定律在任意坐标系中都应采取相同的形式，而物质分布引起时空弯曲。这个思想被表达在1915年他发现的引力场方程中。在这个广义相对论的框架内，质点沿着弯曲时空中最接近平坦时空中直线的测地线运行。于是时空从一个被动的背景变成动力量而参与到和物质的共同演化中来。平坦的时空观只不过是把弯曲时空的局部特性误解为整体的。

行星围绕着太阳运行，在牛顿的图像中是行星受万有引力的影响，而沿着椭圆轨道运行；而在广义相对论中，则是太阳的质量导致一个以它为中心的球面对称的弯曲时空，行星在这个时空中沿着测地线运行。这个测地线轨道在我们的三维空间投影中看，就显得是在一个椭圆轨道上的循环运动。不过广义相对论的结论和牛顿的结论稍有差异，该椭圆轨道的近日点在进行极为微小的进动。例如，在水星的情形中，进动率约为每世纪43角秒，广义相对论的计算解释了在此几十年前观测到的这个和牛顿理论的偏差，而在牛顿理论中近日点应是固定不动的。如果仅考虑狭义相对论，其效应就要减小六倍。

1919年，英国的一个探险队前往西非，在日食时刻观测来自遥远恒星的光线在掠过太阳表面时受到的偏折，这是由太阳附近的时空弯曲引起的。观测结果被欢呼为广义相对论超越牛顿万有引力论的巨大成功。而在旧图景中，光子受到太阳的万有引力的作用，其偏折效应就仅有一半。光线偏折思想后来被发展为引力透镜手段，成为探测宇宙暗物质的有力工具。

在大质量附近的引力场中，时间流逝稍慢，所以从那里的原子发射出的光波，在远处被接收时，就会往光谱的红端位移。1960年，人们用穆斯堡尔效应甚至极其精确地测量到，在地面上的钟表比在水塔顶上完全相同的钟表走得慢一些。

1917年，爱因斯坦利用引力场方程来研究整个宇宙。显然，那时在他的心目中宇宙整体是永恒的不演化的，因为标志着宇宙从大爆炸诞生的最重要的观测 —— 哈勃红移定律迟至1929年才被发表。为了建构一个静止的空间均匀的各向同性的宇宙模型，他不惜引进额外的宇宙常数。这个模型在空间上是有限无界的三维超球面（简称三维球），它和素朴的空间观完全不同。

1916年，史瓦兹席尔德得出引力场方程的第一个非平凡的严格解。它描写质点在真空中球面对称的引力场。此前，爱因斯坦在计算水星椭圆轨道近日点进动和光线掠过太阳表面所遭受的偏折时，其背景正是借用这个引力场。这个解所描写的正是最简单的被称为史瓦兹席尔德黑洞的时空。黑洞可由恒星的引力坍缩形成，也可由极早期宇宙的物质涨落形成，甚至还可和宇宙同步从无中创生。2019年，事件视界望远镜发布了第一幅黑洞的直接图像，那是星系M 87中心的一颗65亿太阳质量的超大黑洞。

1916年，爱因斯坦从广义相对论预言出引力波，它在真空中只能以光速传播，正如前面所言。百年后的2015年，LIGO团队观测到首例引力波。它是由离开我们13亿光年外的质量分别为太阳质量29和36倍的两颗黑洞合并而发射的。此前，赫尔斯和泰勒长期跟踪他们于1974年发现的双脉冲星PSR 1913＋16，对其二体公转周期极缓慢的逐渐缩短过程进行分析，认为这是起因于引力波的辐射，从而间接证明了引力波的存在。

1922年，苏联数学家弗里德曼从引力场方程得出空间均匀各向同性的宇宙解。这是一个描述宇宙空间从零尺度起始而膨胀开来的宇宙的模型。

1929年，哈勃发表星系红移定律，这表明我们的宇宙正在膨胀，因此宇宙时空应该由弗里德曼或类似的解描写。这个图像随后被伽莫夫等精制为大爆炸宇宙模型。这个模型终于被学界普遍接受的原因是，彭齐亚斯和威尔孙在1965年偶然观测到了宇宙背景的微波辐射。这是宇宙大爆炸的辐射余辉，它在宇宙年龄38万年后和物质余烬脱耦，存在于随后透明的太空中。它在漫长的岁月中遭受宇宙膨胀的红移，因此现在变成微波辐射而被我们所接收。这正是伽莫夫预言过的。

在20世纪60年代之前的相当长时段里，广义相对论的理论研究进展缓慢，甚至沦为应用数学的一个分支，人们很难从中抽取物理意义。只有彭罗斯和霍金等在60年代登上舞台后，这个局面才被彻底改观。他们用拓扑学来研究时空的全局结构，尤其是因果关系，因而变革了广义相对论整个领域。彭罗斯发明的彭罗斯图在引力物理中的作用相当于费曼图在粒子物理中的作用。

在宇宙大爆炸的起点，空间尺度变得无限小，温度、物质密度和时空曲率都变成无限大，这成为一个时空奇点，定律和因果律在此处都崩溃了。有人认为，实际的宇宙模型不可能那么对称，我们的膨胀相只不过是早先的一个收缩相的反弹，奇点是可以避免的。然而，霍金和彭罗斯严格地证明了：只要宇宙物质满足某些非常合理的条件，在广义相对论的框架中，宇宙中的大爆炸奇点是不可避免的。

这说明经典的物理框架已经不足以描述我们宇宙的图像。几乎和发现狭义和广义相对论的同期，普朗克、爱因斯坦、玻尔、德布罗依、海森堡和薛定谔等发现了量子论（其实，物理的研究对象既非定域的粒子，也非非定域的场，它们具有波粒二象性）。按照狄拉克和费曼的思想，量子论的要义是：事物的演化不是仅沿着过去以为的唯一的经典轨道进行，而是沿着所有可能的轨道进行，最显著的例子便是隧穿效应。每个轨道都有一个相关的复数幅度。绝大多数轨道的幅度在叠加时几乎都被抵消了，而经典轨道及其邻近轨道的幅度得以相互加强，这就是人们在日常和宏观尺度观测到经典演化的原因。它体现了可能性向现实性的科学转化。

　　量子力学研究粒子的量子演化图景。狄拉克把狭义相对论和量子论相结合，提出了相对论性电子方程，由此自然地导出了自旋，并预言了正电子的存在，实验很快检测到这种电子的反粒子。他还把经典的场相对论性量子化，粒子被认为是场的量子，所获得的量子场论是粒子物理标准模型的理论框架。

　　早在霍金和彭罗斯发现宇宙奇点定理之前，彭罗斯就证明了，黑洞必有奇点。他后来还猜测奇点一定被称为视界的黑洞表面所包围。视界是物质包括辐射可以落入而不能逃逸的单向膜。所以从外界看不见黑洞。霍金等人指出，稳定的黑洞可以仅用其质量、电荷和角动量来表征。

　　1970年，霍金证明了，黑洞在演化或者多个黑洞合并时，其视界的总面积不减。由此可以推出两个黑洞碰撞所产生的引力波能量的上限。人们分析了2015年LIGO观测到的首例引力波数据，证实了霍金的黑洞视界面积定理。更具深远意义的是，该定理使人将黑洞的视界面积和热力学的熵做类比的联想。

　　1974年，霍金研究黑洞时空背景的量子场，发现粒子从视界附近向无限远发射。粒子流具有普朗克的热谱。在史瓦兹席尔德黑洞的情形，热谱的温度简单地和黑洞质量成反比。因此黑洞最终将以一次爆炸结束其生命。霍金的计算表明，在所谓的普朗克单位下，所有黑洞的熵正是它的视界面积的1/4。引力场的热性隐藏在时空度规的欧几里得截面里。在这个场景中，引力论、量子论和信息论得到了统一。黑洞辐射的场景暗示，信息也许是比时空和物质更为基本的本体。

1976年，安茹发现在平坦时空的加速坐标系中，量子场具有与其加速度成比例的温度的辐射，揭示了真空不空的量子论图景。尽管人们早已知道，真空存在着绝对温度为零的最小的量子涨落。

1998年，珀尔马特、施密特与里斯发现了宇宙正在加速膨胀。人们认为，这种加速是由于所谓的暗能量引起的。通过天文学家和宇宙学家的不懈努力，人们达到共识，宇宙空间是平坦的，宇宙的现有物质组成中百分之六十八为暗能量，通常被认为就是宇宙常数，还有百分之五的可见物质和百分之二十七的看不见的暗物质。薇拉·鲁宾在1974年首次发现了暗物质的引力效应。

宇宙学最重大的问题是宇宙的诞生。因为经典的广义相对论预言了大爆炸奇点，所以必须研究宇宙学的量子创生场景。宇宙创生的问题归结为寻找宇宙的边界条件。1981年，霍金提出了无边界设想，即宇宙的边界条件是它没有边界。这里的语境是指宇宙时空度规的欧几里得截面。霍金的设想实现了宇宙无中生有的最伟大的场景。

他首先研究了有限自由度的所谓微超空间模型。无边界设想意味着，宇宙在传统的大爆炸的最初阶段自然经历了一个指数式的膨胀过程。为了解决宇宙学中的一些迷惑，人们早先在所谓的暴胀模型中人为地引进了这个阶段。霍金等从无边界设想出发，研究这个指数式膨胀背景下所有自由度的微扰，发现这些量子微扰必须处于基态。它们是宇宙结构的籽，随后演化成今天观测到的星系团和星系，也包括栖居其中并能理解宇宙的芸芸众生。1992年，COBE宣布在宇宙微波辐射背景中观测到了从这种微扰发展来的各向异性的温度涨落。

在无边界设想的框架中，人们可以研究和宇宙诞生同步产生黑洞的场景。这是真正的太初黑洞。如果宇宙的背景是封闭的，则黑洞产生的相对概率是黑洞和宇宙总熵的自然指数函数；如果宇宙的背景是开放的，则为黑洞负熵的自然指数函数。

为了将引力论和量子论相结合得到完备的量子引力理论，人类几乎奋斗了百年。迄今为止，最有希望成功的有圈量子引力和超弦两种学说。

在圈量子引力学说中，时空是由量子时空泡沫来描述，其结构具有普朗克长度的细度。这是物理学的最小尺度。为了研究方便，人们通常使用前面提到的普朗克单位，其中普朗克长度被设定为1。在超弦理论中，宇宙本身是十维的，我们可观测的时空只是其中的四维，其余六维被卷缩到普朗克长度的数量级，而不能被观测到。

相对论是一门研究时空的学说。随着近现代人类的探索，时空概念的内涵越发澄明，也越发稀薄，直至完全被升华。宇宙无中生有，通过孕育出的生命，和从生命觉醒的意识，来理解宇宙自己。再也没有什么比这个场景更为壮丽，也更为奇妙了。

　　霍金对相对论，尤其是宇宙学和黑洞研究的精华被凝聚在这部《时间简史》中。不少读者对这个书名有许多疑惑。就定义的稀薄程度而言，仿佛时间并不比存在稍好些，对于如此没有内容的时间，何谓历史？其实，回顾霍金的研究生涯，对这问题就豁然贯通了。

　　广义相对论的奇性定理的研究使他在早年就已成为耀眼的学术明星，黑洞面积定律，尤其是霍金辐射的发现使他成为当代最重要的引力物理学家，而无边界设想终于祛除了长期折磨人类理性的第一推动问题。所有这一切研究都是与时间的有限无限、时间的起始和终结、实时间和虚时间等息息相关。三十年前可以设想，实际上历史已经证明，如果这本书直接用宇宙或黑洞做主名，那么这个名字早就被磨损了。因为纯粹，必将永恒。当然，宇宙和黑洞是最美丽的科学对象，否则何以世上最好的头脑无怨无悔地将生命奉献给它们！正如音乐是最纯粹的艺术，宇宙学是最纯粹的科学。

　　这部书被公认为近几十年来影响最大的科学著作，其原因如下：

　　本书的主题是认识我们居住其中的宇宙，这正是生命和文明的最重要的诘问。

作者辉煌的学术生涯主导着引力物理和宇宙学前沿的潮流。

全书洋溢着创造的激情，一切从事科学甚至艺术的人士都可从中得到灵感。

作者与疾病搏斗的历史，体现了人类的坚强意志，无疑是生命的奇迹。

他以重病之躯对地球上乃至宇宙中的文明命运之持续关注和思考，并不时发出独特声音，起到一种无可替代的社会活动家功能。

20世纪60年代，宇宙学和天体物理即将转变成科学主流，而剑桥是近现代学术三个中心之一（另外两个中心是哥廷根和普林斯顿）。剑桥不仅是牛顿经典力学和麦克斯韦电磁学的发源地，也和生物学两次最重大的变革相关，提出进化论的达尔文在此受教育，克里克和华森在此发现了DNA双螺旋结构。此地群星灿烂，辉映古今。霍金正是20世纪60年代和剑桥的时空交汇点涌现的历史人物。

1980年，霍金被选为剑桥大学崇高的卢卡斯数学教授，成为牛顿和狄拉克的传人。他对同类的贡献是这个星球的骄傲。

译者有幸在霍金的指导下于1984年初获得剑桥大学博士学位，研究的课题之一是极早期宇宙相变泡碰撞的时空度规，以及在暴胀相引力坍缩问题。值得一提的是，那时他所领导的研究团体正式名称是广义相对论小组。有趣的是，普天之下同时代没有一个同领域的研究团体可以宣称比它更具影响力。我完成博士论文后，跟随他研究量子宇宙学。1985年，霍金和译者合作发表了第一个宇宙波函数的数值解。这是他和来自东半球的人唯一的合作论文。在他的鼓励下，译者在量子宇宙学中研究时空的维数，首次证明了可观察的时空维数必须是四维或七维的结论，因此获得1985年度的引力研究基金会的国际论文比赛第三名（2001年，译者利用量子超引力宇宙学首次严格地证明了可观察时空的维数必须是四维。）。1988年2月24日，他致函授意译者将其新著《时间简史》译成中文，并随即寄来了首版书。同年愚人节，这部英文原著正式在全球发行。1997、2004、2006、2009、2012和2017年，他邀请译者回剑桥游学或开会。2018年3月14日，他告别了这个他无比珍爱的世界。译者应邀参加了在剑桥举行的葬礼，见证了在伦敦西敏寺的入葬仪式。从此他长眠于伟大的牛顿和达尔文的墓旁。

20世纪末，神州大地风云际会，长期封闭的社会吸纳新思想如饥似渴。三十年来，此书对整个社会进步的启蒙推动作用，可与这个古老国度近世引进的几部经典相媲美。所有这些都完全出乎人们意料之外。令人欣慰的是，占全球五分之一的人口得以分享这位不世而出的天才的智慧结晶。

# 前言

史蒂芬·霍金

1996年5月　剑桥

　　我没有为《时间简史》的原版写前言。那是卡尔·萨根写的。我写了简短的"感谢"，有人建议我感谢每一个人。不过有些支持过我的基金会对此不甚高兴，由于我在"感谢"中的提及他们，他们收到了大量的申请。

　　我确信，任何人，包括我的出版者、代理人，甚至我自己都未曾料到这本书会如此畅销。它曾经荣登伦敦《星期日时报》畅销书榜237周，这比其它任何一本书都久（显然，《圣经》和莎士比亚除外）。这本书被译成四十多种文字。在全世界，平均每750人就拥有一册，读者包括男人、妇女和儿童。正如纳珍·米尔伏德（我以前的博士后）评论道：我的物理著作比麦当娜谈性的书还更畅销。

　　《时间简史》的成功表明，人们对于重大问题有广泛兴趣：诸如我们从何而来？宇宙为何是这样子的？

　　趁此再版机会，我对本书做了更新，并纳入从首版（1988年4月愚人节）以来理论和观测的新成果。我新添了虫洞和时间旅行这一章。爱因斯坦的广义相对论为我们提供了创生和维持虫洞的可能性，那是连接时空中不同区域的细管。如是，我们也许可以利用它们来进行星系之间快速旅行或在时间中穿越到过去。当然，我们从未邂逅到来自未来的人（也许我们曾经遇到过？）。对此我将给出一种可能的解释。

我还描述了近年在寻求"对偶性"或显然不同的物理理论之间的对应方面的进展。这些对应强烈地表明，存在一种物理的完备的统一理论，但是它们也暗示，也许不可能用一个单独表述来阐明这个理论。相反地，在不同的情形下，我们必须使用基本理论的不同影像。这和描绘地球表面很相似，我们不能只用一张单独的地图，在不同的区域必须用不同的地图。这就变革了我们的科学定律的统一观，但是它并没有改变最重要的一点：宇宙被我们能够发现并理解的合理的一族定律制约着。

在观测方面，迄今最主要的发展是由COBE（宇宙背景探险者）以及其它合作团队测量的宇宙微波背景辐射中的起伏。这些起伏是创生的指纹，这些在光滑均匀的早期宇宙上的微小的初始无规性后来成长为星系、恒星以及在我们周围看到的所有结构。起伏的形式和无边界设想的预言是相吻合的。无边界设想说，宇宙在虚时间方向没有边界或边缘。为了区分这个设想和对背景中的起伏的其它可能的解释，还需要进一步的观测。然而，在几年之内，我们就应该可以知道，我们能否相信自己生活在一个完全自足的无始无终的宇宙之中。

# 目录

# 第 1 章
# 我们的宇宙图象

　　一位著名的科学家（据说是贝特兰·罗素）曾经作过一次天文学讲演。他描述了地球如何围绕着太阳公转，而太阳又是如何围绕着被称为我们星系的巨大的恒星团的中心公转。演讲结束之际，坐在房间后排的一位个子矮小的老妇人站起来说道："你这是一派胡言。实际上，世界是驮在一只巨大乌龟背上的一块平板。"这位科学家露出高傲的微笑，然后答道："那么这只乌龟是站在什么上面的呢？""你很聪明，年轻人，你的确很聪明，"老妇人说，"不过，这是一只驮着一只，一直驮下去的乌龟塔啊！"

　　大多数人会觉得，把我们的宇宙喻为一只无限的乌龟塔相当荒谬。但是我们凭什么认为自己了解的就更准确呢？对宇宙，我们了解了多少？而我们又是如何得到这些知识的？宇宙从何而来，又将向何处去？宇宙有开端吗？如果有的话，在这开端之前发生了什么？时间的本质是什么？它会有终结吗？物理学中最新的突破，使我们有可能为其中一些长期以来悬而未决的问题提供答案，而奇妙的新技术是帮助我们实现这些突破的部分原因。对我们而言，这些答案也许有朝一日会变得和地球围绕着太阳公转那么显而易见 —— 又或许会变得和"乌龟塔"一样荒谬，只有时间（不管它的含义如何）才能裁决。

早在公元前340年，在《论天》一书中，对于地球是一个圆球而不是一块平板的观念，希腊哲学家亚里士多德就能够提出两个有力的论证。第一，他意识到，由于地球运行到太阳与月亮之间引起了月食。地球在月亮上的影子总是圆的，这只有在地球本身为球状的前提下才成立。如果地球是一块平坦的圆盘，除非月食总是发生在太阳正好位于这个圆盘中心的正下方的时刻，否则地球的影子就会被拉长而成为椭圆形。第二，从旅行中，希腊人知道，在南方地区观测北极星时，北极星在天空中的位置显得比在北方地区要低（由于北极星位于北极的正上方，所以它将出现在位于北极的观察者的头顶上，而对于赤道上的观察者，北极星刚好出现在地平线上。）。

根据北极星在埃及和在希腊的天穹所处位置的差别，亚里士多德甚至估算出地球大圆长度为40万斯特迪亚。目前我们无法准确地知道，1斯特迪亚的长度究竟是多少，但这个数值有可能是200码（1码＝0.9144米）左右，这就使得亚里士多德的估算结果大约为现在接受的两倍。希腊人甚至为地球是球状提供了第三个论证，如果地球不是球状的，那么为什么从地平线方向驶来的船总是先露出船帆，然后才露出船身？

亚里士多德认为地球是不动的，太阳、月亮、行星和恒星都以圆周轨道围绕着地球公转。他相信，由于某些神秘的原因，地球是宇宙的中心，而圆周运动是最完美的。公元2世纪，这个思想被托勒密精制成一套完整的宇宙学模型。地球处于正中心，八个天球包围着它，这八个天球分别携带着月亮、太阳、恒星以及五个当时已知的行星：水星、金星、火星、木星和土星（图1.1）。为了解释在天空中实际观测到的这些行星的相当复杂的轨道，人们认为它们本身沿着附在相应天球上的更小的圆周进行运动。最外层的天球携带着所谓的"不动星"（即后来称为的恒星），它们之间的相对位置总是保持不变，不过这些不动星整体穿越天穹旋转。最后层的天球之外究竟为何物一直不清楚，但是它肯定不属于人类所能观测到的宇宙部分。

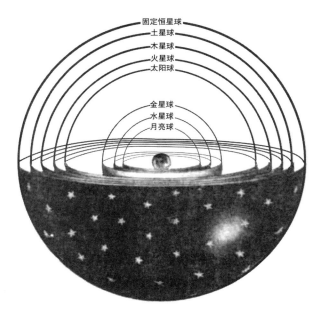

图1.1　从最里面往外面顺序为月亮球、水星球、金星球、太阳球、火星球、木星球、土星球和固定恒星球。最中心为地球

托勒密模型所提供的系统可以相当精确地预言天体在天空中的位置。但为了正确地预言这些位置，托勒密不得不假定，月亮所遵循的运行轨道是变化的，有时月亮和地球的距离是其它时候的一半。这意味着月亮有时应该显得是其它时候的两倍！托勒密承认这是他理论中的瑕疵。尽管如此，他的模型依然被广泛地接受了，虽然不是被普适地接受。它被基督教会接纳为与《圣经》相一致的宇宙图象。这是因为它具有一个巨大优势，即在不动星所处的天球之外为天堂和地狱留下了大量的空间。

然而，1514年波兰教士尼古拉·哥白尼提出了一个更简单的模型（起初，也许是因为害怕被教会谴责为异端，哥白尼将他的模型匿名地流传。）他的观念是，太阳位于中心不动，而地球和行星们围绕着太阳做圆周运动。将近一个世纪以后，人们才认真接受他的观念。后来，两位天文学家——德国人约翰斯·开普勒和意大利人伽利略·伽利雷开始公开支持哥白尼理论，尽管它所预言的轨道还不能完全与观测相符合。直到1609年，亚里士多德和托勒密的理论才宣告死亡。那一年，伽利略用刚发明的望远镜来观测夜空。当他观测木星时，发现有几个小卫星或者月亮伴随着它，围绕着它公转，这表明与亚里士多德和托勒密设想的不同，并非所有东西都必须直接围绕着地球公转（当然，仍然可能相信，地球是静止地处于宇宙的中心，而木星的卫星沿着一种极其复杂的轨道围绕地球运动，才使得它们显得围绕着木星转动。然而，哥白尼理论却简单得多了。）同时，约翰斯·开普勒修正了哥白尼理论，提出行星不是沿着圆周，而是沿着椭圆（椭圆是拉长的圆）运动，从而最终使预言和观察相互一致了。

　　就开普勒而言，椭圆轨道仅仅是一个特殊假设，并且是相当令人讨厌的假设，因为椭圆显然不如正圆那么完美。虽然他偶然地发现椭圆轨道能很好地和观测相符合，但却不能把椭圆轨道和他自己的磁力引起行星围绕太阳公转的思想相互调和。直到 1687 年，这一切才得到解释。这一年，艾萨克·牛顿爵士出版了《自然哲学的数学原理》，这部著作也许是物理科学中有史以来最重要的著作。在这部著作中，牛顿不但提出物体在空间和时间中运动的理论，还发展了为分析这些运动所需的复杂的数学。此外，牛顿还提出了万有引力定律。根据这条定律，宇宙中的任一物体都被任何其它物体吸引。物体质量越大，相互距离越近，则相互之间的吸引力越大。正是这同一种力，使物体下落到地面。（一个苹果打到牛顿的头上，使他得到灵感的故事，几乎肯定是不足凭信的。牛顿自己说过的原话仅仅是，当他坐着"陷入沉思"，"恰好一个苹果的坠落之时"，他获得了万有引力的思想。）牛顿继而证明，根据他的定律可以得到，引力使月亮沿着椭圆轨道围绕着地球运行，而地球和其它行星也沿着椭圆轨道围绕着太阳公转。

　　哥白尼的模型摆脱了托勒密的天球模型，以及宇宙存在着自然边界的观念。由于"不动星"之间的相对位置显得固定不变，只存在它们整体由于地球围绕地轴自转而引起的穿越整个天穹的视转动，我们可以很自然地联想到，"不动星"是和我们的太阳类似的天体，只是较太阳离我们远得多。

　　牛顿意识到，按照他的引力理论，恒星之间应该相互吸引，这样一来，它们似乎就不能保持基本上不动的状态了。难道它们不会都一起落到某处去吗？1691年，在他写给同时代另一位最重要的思想家理查德·本特里的一封信中，牛顿对这个问题是如此解释的，如果只有有限数目的恒星分布在一个有限的空间区域里，这种情形确实是会发生的。但是另一方面，他推断说，如果存在无限多的恒星，大体均匀地分布于无限大的空间中，对它们而言，因为这时这个空间中不存在一个中心落点，这种情形就不会发生。

当议论到无限时，这种论证是你会遭遇到的一种陷阱。在一个无限大的宇宙中，因为在每一点的每一边都有无限个恒星，所以每一点都可以被认为是中心。很久以后，人们才意识到正确的方法，即是先考虑有限的情形，这时所有恒星都将相互落到一起，然后在这个区域以外，加上更多大体均匀分布的恒星，看此时情况会如何改变。按照牛顿定律，这些额外加入的恒星在平均上对原先的那些恒星根本没有什么影响，所以这些恒星还是以同样快的速度落到同一点上去。因此，我们在它们外面爱加上多少个恒星就可以加上多少，但是它们仍然总是向自身坍缩。现在我们已经知道，当引力总是吸引时，不可能存在一个无限的静态的宇宙模型。

在20世纪之前从未有人提出过，宇宙是在膨胀或是在收缩的可能性，这有趣地反映了当时一般的思维风气。那时人们普遍认为，宇宙要么是以一种不变的状态存在了无限长的时间，要么是以多多少少类似于我们今天观察到的样子在有限久的过去被创造出来。使得人们这么认为的部分原因可能是，他们倾向于相信永恒的真理，也可能藉以下观念他们可以得到安慰，即虽然人会生老病死，但是宇宙却是不朽不变。

甚至那些已经意识到了牛顿的引力理论显示宇宙不可能处于静止状态的人，也没有想到提出宇宙也许正在膨胀的可能性。相反地，他们试图修正牛顿的理论，使引力作用在非常大的距离下从吸引变成排斥。这样的修改既不会对行星运动的预测影响太大，又能够允许恒星在无限分布的条件下保持平衡状态——邻近恒星之间的吸引力被来自更远的恒星产生的斥力所平衡。然而，现在我们相信，即使这样的平衡状态也还是不稳定的：如果某一区域内的恒星稍微相互靠近一些，它们之间的引力就会增强，并超过斥力的作用，因此这些恒星就会继续往相互落去。反之，如果某一区域内的恒星稍微相互远离一些，斥力就将起主导作用，并驱使它们离得更远。

通常认为，另一个反对无限静止宇宙的异见通常归功于德国哲学家亨利希·奥勃斯。1823年，他表述了这个理论。事实上，牛顿的一些同时代人就已经提出过反对无限静止宇宙的问题，甚至奥勃斯的文章也不是第一篇貌似合理地反驳这个模型的文献。但是不管怎么说，这是第一篇引起广泛关注的文章。其困难在于，在一个无限的静止的宇宙中，几乎每一道视线都必将终结于某一颗恒星的表面。由此可以预料，整个天空都会像太阳那么明亮，甚至在夜晚也将如此。奥勃斯反驳说，来自远处恒星的光线会被它穿越过的物质吸收而减弱。然而如果真是如此，这些中间的物质会被不断加热，直至发出和恒星一样强的光为止。可以避免导致整个天空像太阳那么明亮的唯一方法是，假定恒星并非永远那么明亮，而是在过去有限久的某个时间点才开始发光。在那种情形下，吸光物质还没被加热，或者远处恒星的光线尚未到达我们这里。但是这样一来，我们就又面临着使得恒星发光的最初原因是什么的问题。

当然，在很久以前宇宙开端的问题就已经被讨论过了。一些早先的宇宙论和犹太教/基督教/穆斯林传统认为，宇宙是在过去某个有限的、不怎么遥远的时刻起始的。对于这样的一个开端，有人感到必须有"第一推动"来解释宇宙的存在。（在宇宙中，你总可以将一个事件解释为由另一个更早的事件引起的，但是只有当宇宙存在某个开端时，才能用这种方法解释它本身的存在。）圣·奥古斯丁在他的著作《上帝之城》中提出了另一种论证。他指出，文明自始至终一直在进步，而我们总能记住历史上创造这些功绩或发展那些技术的人们。因此，人类，也许还有宇宙，不可能已经存在了（超过我们有记录的）那么长的时间。根据《创世纪》一书，圣·奥古斯丁接受公元前5000年为宇宙创生的时刻（有趣的是，这个时间点和最近一个冰河时代的结束，大约公元前10000年相距不远。考古学家告诉我们，文明实际上正是从那时开始的。）。

另一方面，亚里士多德和其他大多数希腊哲学家不喜欢创生思想，因为它带有太多的神学干涉的味道。因此他们相信，人类及其周围的世界已经并将继续永远存在。这些古人已经考虑到了上述文明进步的论点，并用洪水或其它灾难的周期性出现，使人类重复开始文明的进程，来回答上述诘难。

　　1781年，哲学家伊曼努尔·康德发表了里程碑般的（也是非常晦涩难懂的）著作《纯粹理性批判》。在这本书中，他深入地考察了关于宇宙在时间上是否有开端、在空间上是否有限的问题。他称这些问题为纯粹理性的二律背反（也就是矛盾）。因为他认为，不管是对于宇宙有开端的正命题，还是对于宇宙已经存在无限久的反命题，都存在同样令人信服的论据。他对正命题的论证过程如下：如果宇宙没有一个开端，则任何事件之前必有无限长的时间，这在他看来是荒谬的。他对反命题的论证过程如下：如果宇宙有一开端，在这个开端之前必有无限长的时间，既然如此，为什么宇宙必须在任何特定的时刻开始呢？事实上，他对正命题和反命题的辩护用了相同的论证。它们都是基于康德隐含的假设，即不管宇宙是否存在了无限久，时间均可无限地倒溯回去。我们将会认识到，在宇宙开端之前，时间这个概念是没有意义的。这一点是圣·奥古斯丁首先指出的。当他被问及："上帝在祂创造宇宙之前做什么？"奥古斯丁并没有这样回答："祂正为诘问这类问题的人准备地狱。"而是说时间是上帝创造的宇宙的一个性质，在宇宙开端之前时间不存在。

　　当大多数人深信一个本质上静止不变的宇宙时，关于它有无开端的问题，实在是一个形而上学或神学的问题。不管是按照宇宙已经存在了无限久的理论，还是按照宇宙看上去像是存在了无限久的样子，但实际上是在某一个有限时刻被启动的理论，我们都可以同样好地解释所观察到的现象。但在1929年，埃德温·哈勃进行了一个里程碑式的观测，即不管你往哪个方向观测，远处的星系都正急速地离我们而去。换言之，宇宙正在膨胀。这意味着，在过去，星体之间的距离比现在更加靠近。事实上，似乎在大约100亿至200亿年之前的某一时刻，它们准确地在同一地方，因此那时候宇宙的密度为无限大。这个发现最终将宇宙的开端问题带进了科学的王国。

哈勃的观测暗示存在一个叫做大爆炸的时刻，当时宇宙的尺度无限小，而且密度无限大。在这种条件下，所有科学定律都崩溃了，也因此预见将来的所有能力都不复存在了。假如在这个时刻之前的确发生过一些事件，它们也不可能影响现在发生的事件。因为它们不会造成任何观测上的后果，所以可不理睬其存在。由于比宇宙开端更早的时间根本没有定义，所以在这层意义上，我们可以说，时间在大爆炸有一开始。必须强调的是，这个时间的开端和早先考虑的那些事物非常不同。在一个不变的宇宙中，时间的端点是必须由宇宙之外的存在赋予的；因此在物理意义上，宇宙的开端并没有什么存在的必要，我们可以想象上帝在过去真正任意的时刻创造了宇宙。而另一方面，如果宇宙正在膨胀，那么何以宇宙必须有一个开端似乎就有了物理的原因。我们仍然可以想象，上帝在大爆炸的瞬间创造了宇宙，或者甚至在更晚的时刻创造了它，并使它看起来就像发生过大爆炸似的，但是设想在大爆炸之前创造宇宙是没有意义的。大爆炸宇宙并没有排斥造物主的存在，只不过对祂何时实现这业绩加上了时间限制而已！

　　为了谈论宇宙的性质，以及讨论诸如它是否存在开始或是否存在终结这样的问题，你必须清楚什么是科学理论。我将采用素朴的观点，即理论只不过是整个宇宙或宇宙的有限部分的模型，以及一系列能够把这个模型中的量与我们得到的观测结果相联系起来的规则。它只存在于我们的头脑中，不再具有任何其它（不管在任何意义上）的实在性。一个被认为好的理论必须满足以下两个要求：首先，这个理论在只包含了一些任意元素的模型基础上必须能准确地描述大量的观测现象；其次，这个理论能对未来观测的结果作出明确的预言。例如，亚里士多德相信恩贝多克利的关于任何东西是由四元素——土、气、火和水组成的理论。该理论是足够简单的了，这一点是够格的，但它没有做出任何明确的预言。另一方面，牛顿的引力理论是基于甚至更为简单的模型，在此模型中两物体用一种力相互吸引，该力和被称为两物体质量的量成正比，并和它们之间的距离的平方成反比。然而，它以很高的精确性预言了太阳、月亮和行星的运动。

　　任何物理理论总是临时性的，这是在它只不过是一个假设的意义上来讲的：我们永远不可能证明它是正确的。不管实验的结果已经有多少次和某个理论相一致了，你依旧永远不可能断定下一次实验得到的结果和这个理论就不会产生矛盾。另一方面，你只需要找到哪怕一个和理论预言不一致的观测事实，即可证明它是错的。正如科学哲学家卡尔·波普强调的那样，一个好理论的特征是，它能给出许多原则上可以通过观测被否定或者说被证伪的预言。我们每回观察到与这些预言相符合的新的现象，这个理论就能够多存活一段时间，并且增加了我们对它的信任度；然而，哪怕只有一个新的观测与之不符，我们就只得抛弃或修正这个理论。

至少被认为这迟早是要发生的，但是事实上你总可以质疑做出该观测的人员的能力。

在现实中，经常发生的事是，我们设计出的新理论真正是原先理论的扩展。例如，对水星极高精度的观测，发现了它的实际运动和牛顿引力理论的预言之间的一个微小差异。而爱因斯坦的广义相对论预测到了这个和牛顿理论略微不同的运动。爱因斯坦的预言和观测到的相符合，而牛顿理论却做不到，这个事实是对这个新理论的一个关键证实。然而在正常情况下，我们处理遇到的问题时，牛顿理论和广义相对论的预测之间差异非常小，所以为了所有实际的目的，我们仍然会使用牛顿理论。（牛顿理论还有一个巨大的优点，用它计算比用爱因斯坦理论简单多了！）

科学的终极目的是提供能够描述整个宇宙的单独理论。然而，大多数科学家遵循的研究方法是把这个问题分成两部分。首先，存在这样一些定律，它们能够告诉我们宇宙如何随时间变化。（如果我们知道在任一时刻宇宙是什么样子的，这些定律就能够告诉我们它在未来的任意时刻将是什么样子的。）第二，存在宇宙初始状态的问题。有些人觉得科学只应关心第一部分；他们将宇宙的初始状态这个问题看做属于玄学或宗教的事体。他们会说，无所不能的上帝可以随心所欲地启始宇宙。那也许是真的，但是，倘若真的是那样，那么上帝也完全可以使宇宙以任意方式来演化。可是，事实上祂似乎选择使宇宙以一种非常规则的、遵循一定规律的方式在演化。所以，看来我们可以同等合理地假定，也存在着制约初始状态的一些定律。

　　想要一蹴而就地设计一种能描述整个宇宙的理论，是非常困难的。因此，我们将这个问题分成许多小块，并发明了一系列的部分理论。每一部分理论描述和预测一定范围的观测现象，同时忽略其它量的效应或用简单的一组数来代表之。当然，这方法有可能是完全错误的。如果宇宙中的每个事物都和任何其它事物以某种基本的方式相互依赖着（或者说相互关联着），那么用隔离法研究问题的部分也许就不可能逼近我们所需求的完整答案。尽管如此，隔离法在过去肯定是十分奏效的，肯定是使我们取得进展的方法。牛顿引力理论又是一个经典的例子，它告诉我们两个物体之间的引力只取决于与每个物体相关的一个数——质量，而与它们由何物组成无关。因此，我们不需要拥有太阳和行星的结构和成分的理论，就可以计算它们的轨道。

　　今天，科学家按照两个基本的部分理论——广义相对论和量子力学来描述宇宙。它们是本世纪（即20世纪）上半叶的伟大的智慧成就。广义相对论用于描述引力和宇宙的大尺度结构，也就是从距离范围短到几英里直到1亿亿亿（1后面跟24个0）英里（1英里＝1.609千米），即距离范围长至可观测到的宇宙的尺度。另一方面，量子力学处理极小尺度，例如发生于万亿分之一（小数点后跟11个0再跟1）英寸（1英寸＝2.54厘米）尺度内的现象。然而可惜的是，这两个理论还不能够相互协调起来——它们不可能同时都对。当代物理学的一个主要的努力方向，以及本书的主题，即是寻求一个能将这两个理论合并在一起的新理论——量子引力论。我们迄今还没有这样的理论，要获得这个理论，我们可能还有相当长的路要走，然而我们已经知道了这个理论所应具备的许多性质。在接下来几章中，你们将会看到，我们对量子引力论应该预测的东西已经知道得相当多了。

　　现在，如果你相信宇宙不是任意的，而是被明确的定律制约的，那么最终你必须将这些部分理论合并成一个能描述宇宙中万物的完备的统一理论。然而，在寻求这样的完备统一理论的过程中将会遇到一个基本的矛盾。在前面概括的关于科学理论的思想中，都有一个假定的前提，那就是假定我们是既可以随心所欲地观测宇宙，又可以从观察中得出逻辑推论的理性生物。在这样的体系中可以合理地假设，我们将会越来越接近制约我们宇宙的定律。然而，如果真有一个完备的统一理论，则它大概也将约束我们的行动。这样，理论本身就决定了我们探索宇宙的结果！那么何以保证我们从证据能够得到正确的结论呢？难道它不也同样可能使我们得出错误的结论吗？或者根本得不到结论？

　　对于这个问题，我所能给出的回答是基于达尔文的自然选择原理。该观念认为，在任何自繁殖的生物群体中，总是存在着不同个体在遗传物质和发育上的变异。这些差异表明，相较于其它个体，某些个体将会更容易对它们周围的世界做出正确的结论，并更容易去适应它。所以这些个体更可能存活、繁殖，因此它们的行为和思维的模式将会被遗传下来，越来越起主导作用。以下这一点在过去肯定是真的，即我们称为智慧和科学发现的东西为我们的存活带来了好处。但我们现在还不清楚这种情况是否仍会继续下去：我们的科学发现可以轻易地毁灭我们所有人；即使不是这样，一个完备的统一理论对于我们存活的机会也许不会有很大影响。然而，假定宇宙已经以规则的方式演化至今，我们可以预期，自然选择赋予我们的推理能力在探索完备的统一理论时仍然有效，并因此不会导致我们得到错误的结论。

因为，除了在最极端的情况外，我们已有的部分理论足以对现在能观测到的所有现象作出精确的预测，那么，要为探索宇宙的终极理论寻找什么实用的理由，看来就非常困难了。（值得指出的是，虽然类似的论点在过去既可以用来反对相对论，又可以用来反对量子力学，但这些理论已给我们带来了核能和微电子学的革命！）所以，尽管发现一个完备的统一理论可能无助于我们种族的存活，甚至也可能不会影响我们的生活方式。然而自从文明肇始以来，人们就一直不甘心于将各个事件看做互不相关或者是不可理解的。人们渴望理解世界的根本秩序。今天我们仍然亟想知道，我们为何在此？我们从何而来？人类求知的最深切的意愿足以为我们从事的不断探索提供充足的理由。而我们的目标正是对于我们生存其中的宇宙作出完整的描述。

# 第 2 章
## 空间与时间

　　我们现在关于物体运动的观念来自于伽利略和牛顿。在此之前，我们相信亚里士多德的说法，物体的自然状态是静止的，并且只有在受到力或冲击的驱动时才运动。因此，重的物体比轻的物体下落得更快，那是因为将其拉向地球的力更大。

　　亚里士多德的传统观点还认为，我们纯粹依靠思维即可发现所有制约宇宙的定律：不需要用观测去检验。因此，在伽利略之前，没人想到去看看不同重量的物体是否确实以不同速度下落。据说，伽利略在比萨斜塔上让重物自然下落，并从而证明了亚里士多德的观念是错误的。尽管这个故事不足为信，但伽利略的确做了一些等效的事：他让不同重量的球沿着光滑的斜面滚下。这种情况类似于重物的垂直下落，但是由于速度小，因而更容易观察。伽利略的测量指出，不管物体的重量是多少，下落过程中其速度增加的速率是一样的。例如，你在沿水平方向每走10米，高度就会下降1米的斜面上释放一个球，则1秒钟后球的速度将变为每秒1米，2秒钟后变为每秒2米，以此类推，这个速度增量与球的重量无关。当然，一个铅球比一片羽毛下落得更快些，但那只是因为空气阻力减缓了羽毛的速度。如果一个人释放两个几乎不受空气阻力影响的物体，例如两个不同质量的铅球，它们将以同样速度下降。在没有阻碍物体下落的空气的月球上，航天员大卫·斯各特进行了羽毛和铅球的下落实验，发现两者确实会同时落到月面上。

牛顿将伽利略的测量作为他的运动定律的基础。在伽利略的实验中，当物体从斜坡上滚下时，它始终受到同一外力（它自身的重力）的作用，使它恒定地加速。这表明，力的真正效应是改变物体的速度，而不是像原先想象的那样，仅仅使之运动。同时，它还意味着，只要物体没有受到外力，它就会以同样的速度保持直线运动。牛顿于1687年出版的《数学原理》（即《自然哲学的数学原理》）中首次明确地陈述了这个思想，并被称为牛顿第一定律。牛顿第二定律则表述了物体在受力时发生的现象：某一物体的速度增加或改变时，其速度的改变率与所受的外力成比例。（例如，如果力加倍，则加速度也将加倍。）物体的质量（或物质的量）越大，则加速度越小（以同样的力作用于两倍于原先质量的物体时，只产生原先一半的加速度。）汽车可提供一个我们更熟悉的例子，发动机越有力，则加速度越大，但是汽车越重，对于同样的发动机，则加速度越小。除了他的运动定律，牛顿还发现了描述万有引力的定律：任何物体都吸引其它任何物体，其吸引力大小与每个物体的质量成比例。因此，比如存在A，B两个物体。如果其中一个物体（例如A）的质量加倍，则两个物体之间的引力也加倍。这很容易理解，因为新的物体A可看成两个具有原先质量的物体，每一个都会以原先大小的力来吸引物体B，所以质量加倍的A和B之间的总吸引力也会加倍。同样地,如果一个物体质量增大到原先的两倍,另一物体增大到三倍,则引力就将变成原先的六倍。现在我们就可以明白,为何物体总以同样的速度下落,这是由于具有两倍重量的物体虽然受到将其向下拉的两倍大的引力,但它的质量也大到两倍。按照牛顿第二定律,这两个效应刚好相互抵消,所以在所有情形下加速度都是相同的。

　　牛顿引力定律还告诉我们,物体之间的距离越远,则引力越小。牛顿引力定律表明,在某个距离上一颗恒星对你的引力将相当于另一个类似恒星在一半距离时对你的引力的四分之一。这个定律极其精确地预言了地球、月亮和其它行星的轨道。如果该定律被改变成恒星的万有引力随距离变化减小或者增大得较快一些,那么行星轨道将不再是椭圆的,而变成螺旋线的了,行星要么盘旋着直至撞到太阳上去,要么从太阳逃逸出去。

　　亚里士多德和伽利略 — 牛顿的观念之间的巨大差别在于,亚里士多德相信一个优越的静止状态,任何没有受到外力或冲击的物体都采取这种状态。特别是他认为地球是静止的。但是从牛顿定律可以推断,并不存在唯一的静止标准。我们可以认为,物体A静止而物体B以不变的速度相对于物体A运动,或者也可以认为物体B静止而物体A在运动,这两种说法是等价的。例如,如果我们暂时忽略地球的自转和它围绕太阳的公转,认为地球是静止的,而一辆有轨电车在它上面以每小时30英里的速度向东运动,或者我们也可以认为,有轨电车是静止的,而地球以每小时30英里的速度向西运动。如果一个人在有轨电车上做关于运动物体的实验，所有牛顿定律仍然都成立。例如，在有轨电车上打乒乓球，我们将会发现，和在铁轨旁一张台桌上的球一样，这个乒乓球依旧服从牛顿定律，因此我们无法判断究竟是火车还是地球在运动。

缺乏判断物体静止与否的绝对标准意味着，我们不能确定，在不同时间发生的两个事件是否发生在空间中的相同位置上。例如，假定在有轨电车上，我们的乒乓球直上直下地弹跳，在一秒钟前后两次撞到桌面上的同一处。但是在铁轨上的人来看，这两次弹跳似乎应该是发生在大约相距13米的不同的位置上，因为在这两回弹跳的时间间隔里，有轨电车已在铁轨上走了这么远。

因此，绝对静止是不存在的，这意味着我们不能像亚里士多德相信的那样，给事件指定一个绝对的空间位置。事件的位置以及它们之间的距离对于在有轨电车上和铁轨上的人来讲是不同的，而且也没有理由以为某个人的状态比另一个人的更优越。

牛顿对于不存在绝对位置或者说不存在所谓的绝对空间感到非常忧虑，因为这和他的绝对上帝的观念不一致。事实上，即使他的定律就暗示了绝对空间的不存在，他也依旧拒绝接受这个观念。因为这个非理性的信仰，他受到了许多人的严厉批评，其中最有名的就是贝克莱主教，他是一位哲学家。他相信所有的物质实体、空间和时间都是虚幻的。当人们将贝克莱的见解告诉著名的约翰逊博士时，后者用脚尖踢到一块大石头上，并大喊道："我要像这样驳斥它！"

　　亚里士多德和牛顿都相信绝对时间的存在。也就是说，他们相信我们可以毫不含糊地测量出两个事件之间的时间间隔，只要借用足够准确的钟，不管谁去测量，这个时间都是一样的。时间相对于空间是完全分离并且独立的。这就是大部分人的常识。然而，我们必须改变这种关于空间和时间的观念，虽然像这样显而易见的常识可以很好地对付运动相对慢的物体，诸如苹果、行星的问题，但在处理以光速或接近光速运动的物体时却根本无效。

　　1676年，丹麦的天文学家欧尔·克里斯琴森·罗默首先发现了光以有限但非常快的速度运动的事实。他观察到，木星的卫星转到木星背后的时刻显得不是均匀间隔的，不像我们认为如果卫星以不变速度围绕木星运动时那样。由于地球和木星都围绕着太阳公转，因此它们之间的距离在变化：罗默注意到，我们离木星越远，则木卫食出现得越晚：他如此论证这个现象，当我们离开更远时，光从木星卫星那里传到我们这里需要花更长的时间。然而当时他测得的木星到地球的距离变化不够准确，因此与现在测得的每秒186,000英里（约每秒30万千米）的光速的值相比较，他测到的光速的值仅为每秒140,000英里（约每秒22.5万千米）。尽管如此，罗默不仅证明了光以有限速度行进，并且测量出了那个速度，此举是卓越的 — 要知道，这一切都是在牛顿发表《自然哲学的数学原理》前十一年做出的。

　　直到1865年，当英国的物理学家詹姆士·克拉克·麦克斯韦成功地将已有的描述电力和磁力的部分理论统一起来以后，才有了光传播的正确理论。麦克斯韦方程预言，在合并的电磁场中存在波动的微扰，它们以固定的速度，正如池塘水面上的涟漪那样运动。如果这些波的波长（两个相邻波峰之间的距离）为1米或更长一些，它们就是我们所谓的射电波。更短波长的波称做微波（几厘米）或红外线（长于万分之一厘米）。可见光的波长在一百万分之四十至一百万分之八十厘米之间。比可见光更短波长的被称为紫外线、X射线和伽马射线。

　　麦克斯韦理论预言，射电波或者光波应以某一固定的速度行进。但是牛顿的理论已经摆脱了绝对静止的观念，所以如果假定光以固定的速度旅行，我们就必须说清这个固定的速度是相对于什么来测量的。因此有人提出，存在着一种无所不在的被称为"以太"的物质，甚至在"真空的"空间中也是如此。正如声波在空气中传播一样，光波应该通过以太运动，所以光波的速度应该是相对于以太而言的。相对于以太运动的不同观察者，应会发现光以不同的速度冲他们而来，但是光相对于以太的速度却保持不变。特别是当地球在围绕太阳的轨道运动穿过以太时，沿着地球通过以太运动的方向测量的光速（当我们面对光源运动时）应该大于在与运动垂直的方向上测量的光速（当我们不朝着光源运动时）。1887年，阿尔伯特·迈克尔孙（他后来成为美国第一位诺贝尔物理学奖获得者）和爱德华·莫雷在克里夫兰的凯思应用科学学校进行了非常精细的实验。他们将沿地球运动方向以及垂直于此方向测量到的光速进行比较。

使他们大为惊奇的是，他们发现这两个光速完全一样！

在1887年至1905年之间，出现过好几个解释迈克尔孙—莫雷实验的尝试，最著名的莫过于荷兰物理学家亨得利克·洛伦兹做出的，他用相对于以太运动的物体收缩和时钟变慢的机制来解释。然而，一位迄至当时还默默无闻的瑞士专利局的职员——阿尔伯特·爱因斯坦，在一篇发表于1905年著名的论文中指出，只要我们愿意抛弃绝对时间的观念，整个以太的观念都将是多余的。几个星期之后，法国一流的数学家亨利·庞加莱也提出类似的观点。爱因斯坦的论证比庞加莱的论证更偏向物理，因为后者将其考虑为数学问题。我们通常将这个新理论归功于爱因斯坦，但我们不会忘记，庞加莱在其中也起了重要的作用。

这个被称为相对论的基本假设是，对以任何速度做自由运动的所有观察者而言，科学定律都应该是不变的。这对牛顿的运动定律是正确的，但是现在这个观念被扩展到包括麦克斯韦理论和光速的情况：不管观察者运动多快，他们都应测量到一样的光速。这个简单的观念包含了一些非凡的结论。也许其中最著名的莫过于两个结论，一个是质量和能量的等价关系，这可用爱因斯坦著名的方程$E=mc^2$来表达（在这个方程当中$E$是能量，$m$是质量，而$c$是光速），另一个是没有任何东西可以运动得比光更快的定律。由于能量和质量的等价，物体由于它的运动所具有的能量将会使它的质量增加。换言之，要使它加速将更为困难。这个效应只有当物体以接近于光速的速度运动时才有真正的意义。例如，以 0.1 倍光速运动的物体的质量只比正常增加了 0.5％，而以 0.9 倍光速运动的物体，其质量将会变得比正常质量的两倍还多。当一个物体的运动越来越接近光速时，它的质量也上升得越来越快，因此它需要越来越多的能量才能进一步加速。实际上它永远不可能达到光速，因为那时，物体的质量会变成无限大，而根据质量能量等价原理，这需要无限大的能量才能做到。由于这个原因，相对论限制任何正常的物体永远以低于光速的速度运动。只有光或其它没有内禀质量的波才能以光速运动。

相对论的一个同等非凡的推论是，它变革了我们对空间和时间的观念。在牛顿理论中，如果有一个光脉冲从一处发送到另一处，（由于时间是绝对的）不同的观测者对这个过程所花费的时间不会有异议，但是（因为空间不是绝对的）他们在光行进的距离上不会总取得一致的意见。由于光速正是光行进的距离除以所花费的时间，因此不同的观察者将会测量到不同的光速。另一方面，在相对论中，所有的观察者必须在光以多快速度运动上取得一致意见。然而，在光走了多远的距离上，他们仍然不能取得一致意见。因此，现在他们在光要花费多少时间上也不会取得一致意见。（花费的时间正是用光所走的距离 — 对此他们的意见不同，去除以光速 — 这一点所有的观察者都意见一致。）换言之，相对论终结了绝对时间的观念！看来每个观察者都一定有他的时间测度，这是用他自己所携带的钟记录的，而不同观察者携带的同样的钟的读数不一定一致。

　　每个观察者都可以利用雷达发出光脉冲或射电波脉冲来探测一个事件在何处何时发生。部分脉冲在事件发生处被反射回来，而观察者测量他接收到回波时的时间。事件发生的时间可认为是脉冲被发出和反射被接受的这两个时间的中点；而事件的距离可取这来回过程所花费的时间间隔的一半乘以光速。（在这个意义上，一个事件是发生在空间中的单独一点上指定时间点的某件事。）这个思想可用（图2.1）表示出来。这是时空图的

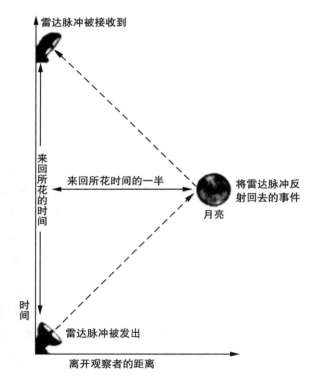

图2.1　纵坐标代表时间，横坐标代表离开观察者的距离。观察者在空间和时间里的路径用左边的垂线表示。到事件去和从事件来的脉冲所通过的路径用对角线表示。

一个例子。通过这个步骤，作相互运动的观察者可以对同一事件赋予不同的时间和位置。没有一个特别的观察者的测量结果比其他人的更正确，但是所有这些测量都是相关的。一个观察者只要知道其他人的相对运动速度，他就能准确算出他们会赋予同一事件的时间和位置。

　　现在我们正是用这种方法来准确地测量距离，因为我们可以将时间测量的比长度更为准确。实际上，米是被定义为光在以铯原子钟测量的 0.000000003335640952 秒内行进的距离（取这个特别数字的原因是，因为它对应于历史上的米的定义 — 按照保存在巴黎的特定铂棒上的两个刻度之间的距离）。同样地，我们可以使用称为光秒的更方便的新长度单位，它简单地被定义为光在一秒内走过的距离。现在，我们可以在相对论中按照时间和光速来定义距离，这样自然而然地导致，每个观察者都测量出光具有同样的速度（按照定义为每 0.000000003335640952 秒 1 米）。没有必要引入以太的观念，正如迈克尔孙 — 莫雷实验表明的那样，无论如何检测不到以太的存在。然而，相对论的确迫使我们从根本上改变了时间和空间的观念。我们必须接受，时间不能完全脱离和独立于空间，而是必须和空间结合在一起，形成所谓的时空的客体。

　　我们通常的经验是可以用 3 个数或坐标去描述空间中一点的位置。譬如，我们可以说，屋子里的一点距离一堵墙七英尺（一英尺＝0.3048 米），距离另一堵墙三英尺，并且比地面高五英尺。或者也可以用一定的纬度、经度和海拔来指定该点。我们可以自由地选用任何三个合适的坐标来描述，虽然它们只在有限的范围内有效。我们不是按照在伦敦皮卡迪里广场以北和以西多少英里、高于海平面多少英尺来描述月亮的位置，取而代之，我们可以用月亮和太阳、月亮和行星轨道面的距离以及月亮与太阳的连线和太阳与临近的一个恒星——例如比邻星——的连线之夹角来描述月亮的位置。甚至这些坐标对于描述太阳在银河系中的位置，或银河系在本星系群中的位置也没有太多用处。事实上，我们可按照一族相互交叠的坐标碎片来描述整个宇宙。在每一碎片中，我们可用不同的三个坐标的集合来指明某一点的位置。

而一个事件是在特定时刻和在空间中特定的一点发生的某件事。因此可以用四个数或者四维坐标来指定它。再说一遍，坐标系的选择是任意的；我们可以使用任何三个定义很好的空间坐标和任何时间测度作为四维坐标。在相对论中，时间和空间坐标之间没有真正的差别，犹如任何两个空间坐标之间没有真正的差别一样。我们可以选择一族新的坐标，比如我们可以设定新坐标的第一个空间坐标是旧的第一和第二空间坐标的某种组合。例如，测量地球上一点位置不用在伦敦皮卡迪里广场以北和以西的距离里数，而是用它的东北和西北的距离里数。类似地，我们在相对论中也可以用新的时间坐标，它是通过将旧的时间（以秒作单位）加上往北离开皮卡迪里的距离（以光秒为单位）得到的。

使用一个事件的四维坐标来标明它在所谓的时空的四维空

间中的位置的手段经常是奏效的。四维空间是不可想象的，对我个人来说，摹想三维空间已经足够困难了！然而我们能够很容易就画出二维空间图，例如地球表面。（地球的表面是两维的，因为可以用两个坐标，例如纬度和经度，来指明一点的位置。）我将通常使用二维图，其中向上增加的坐标代表时间流逝的方向，水平坐标则代表其中的一个空间坐标。另外两个空间坐标通常被忽略，或者有时也可以用透视法将其中一个表示出来。（这样的图被称为时空图，如图2.1所示。）例如，在图2.2中纵坐标表示时间，并以年作为测量单位，而横坐标表示从太阳沿着往比邻星方向的距离，以英里作为测量单位。图中的左边和右边的垂线分别代表太阳和比邻星通过时空的路径。从太阳发出的光线将沿着对角线走，并且要花费4年的时间才能从太阳到达比邻星。

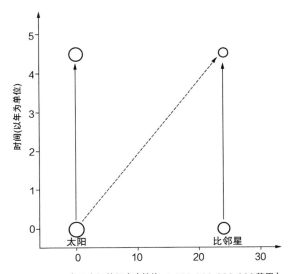

图2.2　离开太阳的距离（单位：1,000,000,000,000英里）

　　正如我们已经看到的那样，麦克斯韦方程预言，不管光源的速度如何，光速都应该是一样的，这已被精密的测量证实。由此推出，如果有一个光脉冲从一特定的空间点在一特定时刻发出，随着时间的推移，它就会作为一个光球面发散开来，而光球面的形状和大小与源的运动速度无关。在一百万分之一秒后，光就将散开成为一个半径为三百米的球面；一百万分之二秒后，半径变成六百米，以此类推。这正如同将一块石头扔进池塘里，水表面的涟漪向四周散开一样，涟漪呈圆周散开并随时间推移越变越大。如果我们把不同时刻拍下的涟漪快照按照时序逐个堆叠起来，扩大的水波圆周将会画出一个圆锥，其顶点正是石块击到水面的地方和时刻（图2.3）。类似地，从一个事件散开

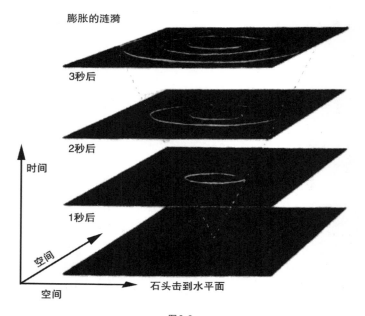

图2.3

的光在（四维的）时空中形成了一个（三维的）圆锥，这个圆锥
被称为事件的将来光锥。以同样的方法可以画出另一个被称为
过去光锥的圆锥，它表示所有可以通过一个光脉冲传播到该事
件的事件集合（图2.4）。

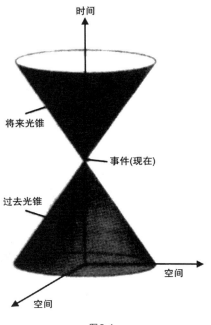

图2.4

　　对于给定的事件P，我们可以将宇宙中的其它事件分成三类。
从事件P出发由一个粒子或者波以等于或小于光速的速度运动
能到达的那些事件称为属于P的将来的事件。它们处于从事件
P发射的膨胀的光球面内或光球面上。在对应在时空图中，它们
就处于P的将来光锥的里面或在将来光锥的表面上。因为没有

任何东西比光行进得更快，所以在P所发生的事件只能影响在P的将来中的事件。

　　类似地，P的过去可被定义为下述的所有事件的集合，从这些事件可能以等于或小于光速的速度旅行到达事件P。因此，P的过去就是能够影响发生在P的事件的所有事件的集合。不处于P的将来或过去的事件被称为P的它处（图2.5）。在它处所发生的事件既不能影响发生在P的事件，也不受发生在P的事件的影响。例如，假定太阳就在此刻停止发光，它不会对同一时刻地球上的事情发生影响，因为它们是在太阳熄灭这一事件的它处（图2.6）。我们只能在8分钟之后才知道这一事件，这正是光从太阳到达地球所需的时间。只有到那时候，地球上的事件才处于太阳熄灭这一事件的将来光锥之内。类似地，我们也

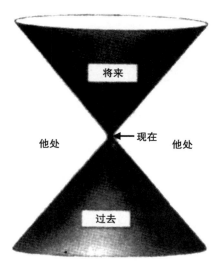

将来

他处　　　←现在　　　他处

过去

图2.5

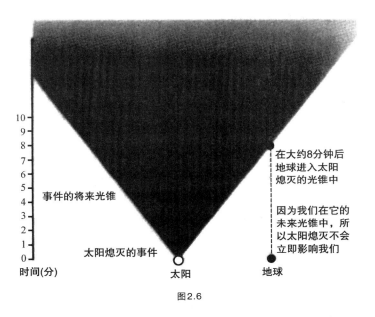

事件的将来光锥

在大约8分钟后
地球进入太阳
熄灭的光锥中

因为我们在它的
未来光锥中，所
以太阳熄灭不会
立即影响我们

太阳熄灭的事件

时间(分)    太阳    地球

图2.6

不知道这一时刻发生在宇宙中更远处的事：我们看到的从遥远
星系来的光是在几百万年之前发出的，至于我们看到的最远的
天体，它所发出的光是在大约80亿年前发出的。因此，当我们
在观测宇宙时，我们正在观测它的过去。

　　如果人们忽略引力效应，正如爱因斯坦和庞加莱1905年做
的那样，就得到了被称为狭义相对论的理论。对于时空中的每
一事件我们都可以做一个光锥（所有从该事件发出的光的可能
路径的集合）。由于每一事件处任意方向上的光的速度都是一
样的，所以所有光锥都是全等的，并且朝着同一方向。此理论也
告诉我们，没有任何东西能够运动得比光更快。这意味着，通
过空间和时间的任何物体的轨迹必须由一根线来表示，而这根

线落在轨迹上的每一事件的光锥之内（图2.7）。狭义相对论非常成功地解释了如下事实：对所有观察者而言，光速都是一样的（正如迈克尔孙-莫雷实验所表明的那样），并成功描述了当物体以接近于光速运动时会发生什么。然而，它和牛顿引力理论却不相协调。该理论表明，物体之间互相吸引，其吸引力依赖于它们之间的距离。这意味着，如果我们移动其中一个物体，另一物体所受的力就会立即改变。或换言之，引力效应必须以无限大的速度传递到另一物体上，而不像狭义相对论要求的那样，只能以等于或低于光速的速度传递。1908年至1914年之间，爱因斯坦进行了多次失败的尝试，企图找到一个和狭义相对论相协调的引力理论。1915年，他终于提出了今天我们称为广义相对论的理论。

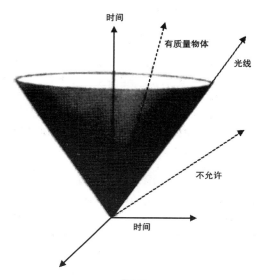

图2.7

　　爱因斯坦提出了一个革命性的思想，即引力不像其它种类的力，它只不过是时空不是平坦的这一事实的结果，时空并不像早先我们假设的那样是平坦的。在时空中的质量和能量的分布使它弯曲或"翘曲"。像地球这样的物体并非由于称为引力的力的作用而被迫沿着弯曲轨道运动，恰恰相反，它在沿着弯曲的空间中最接近于直线的路径运动，这种路径被称为测地线。一根测地线是邻近两点之间最短（或者最长）的路径。例如，地球的表面是个弯曲的二维空间。地球上的测地线称为大圆，是两点之间最近的路径（图2.8）。由于测地线是两个机场之间的最短程，因此也是领航员设定飞行员飞行的航线。在广义相对论中，物体总是沿着四维时空里的直线运动。尽管如此，在三维空间里我们却看到物体是沿着弯曲的路径运动。（这正如同看在非常多山的地面上空飞行的一架飞机。尽管它是沿着三维空间当中的直线飞行，但在二维的地面上，它的影子却是一条弯曲的路径。）

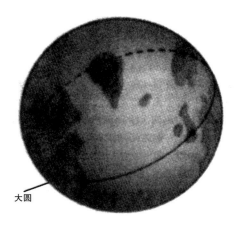

大圆

图2.8

　　太阳的质量以这样的方式弯曲时空，使得在四维的时空中，地球虽然沿着直线的路径运动，我们看起来却是沿着三维空间中的一个圆周轨道运动。事实上，广义相对论和牛顿引力论预言的行星轨道几乎完全一致。然而，对于水星，这颗离太阳最近、受到引力效应最强，轨道被拉得相当长的行星，广义相对论预言其轨道椭圆的长轴应围绕着太阳以大约每万年1度的速率进动。尽管这个效应如此之小，却在1915年前就被注意到了，并被作为爱因斯坦理论的第一个验证。近年来，其它行星和牛顿理论预言的甚至更小的轨道偏差也已被雷达测量到，并且发现它们都与广义相对论的预言相符。

　　光线也必须在时空中顺着测地线运动。时空是弯曲的事实再次意味着，光线在空间中显得不再沿着直线运动。这样，广义相对论预言光线必然被引力场折弯。譬如，理论预言，太阳近处点的光锥会由于太阳质量的缘故向内稍微弯折。这表明，从遥远恒星发出的光，如果刚好通过太阳附近，光线将会被偏折一个很小的角度，而对于地球上的观察者而言，这颗恒星所处的位置看起来似乎改变了一点（图2.9）。当然，如果从某颗恒星来的光线总是在靠太阳很近的地方穿过，则我们就无从分辨，到底是光线被偏折了，还是实际上该恒星就在我们看到的那个地方。然而，由于地球围绕着太阳公转，因此不同的恒星将会陆续从太阳后面经过，而在经过太阳附近时，它们的光线将受到偏折。此时相对于其它恒星而言，它们改变了所处的表观位置。

　　在正常情况下，要观察这个效应非常困难，这是由于太阳

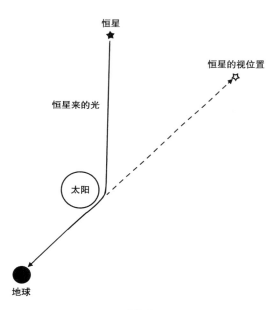

图2.9

的光线太亮了，使得人们不可能在天空上观测到出现在太阳附
近的恒星。然而，在日食时就可能观察到这些恒星了，因为这
时太阳的光线被月亮遮住。由于当时第一次世界大战正在进行，
因此爱因斯坦光偏折的预言不可能在1915年立即得到验证。直
到1919年，一个英国的探险队在西非观测日食，证明了光线确
实会像理论所预言的那样被太阳偏折。这次英国人证明德国人
的理论被欢呼为战后两国和好的伟大行动。具有讽刺意味的是，
后来人们检查那次探险队所拍的照片，发现其结果的误差和企
图测量的效应同样大。他们的测量纯属运气，或是因为他们早
就知道所需要获得的结果了，类似的情况在科学史上时有发生。
然而，后来的多次观测准确地证实了光偏折现象。

广义相对论的另一个预言是，在像地球这样的大质量的物体附近，时间显得流逝得更慢一些。这是因为光能量和它的频率（光在每秒钟里波动的次数）之间有这样一种关系：能量越大，则频率越高。随着光从地球的引力场离开地球，它将逐渐失去能量，因而其频率下降。（这表明两个相邻波峰之间的时间间隔变大。）在地球高空上的某个人看来，地表发生的每一件事情都显得需要更长的时间。1962年，人们利用一对分别安装在水塔顶上和塔基下的非常准确的钟，验证了这个预言。发现塔基下的那只更接近地球的钟走得较慢，这和广义相对论正好相符。目前，随着基于卫星信号的非常精确的导航系统的出现，处于地球上的不同高度的时钟的速率的差异，具有相当重要的实用性。如果我们无视广义相对论的这个预言，计算的位置会偏差几英里！

牛顿运动定律使在空间中的绝对位置的观念寿终正寝，而相对论则摆脱了绝对时间的束缚。想象有一对双生子，让其中一个孩子去山顶上生活，而另一个留在海平面。第一个孩子将比第二个老得较快。因此，如果他们再次相会，第一个孩子会显得比另一个较老一些。尽管在这个例子中，年龄的差别非常小。但是，如果有一个孩子在以接近光速运动的航天飞船中作长途旅行，带来的年龄差别就会大得多。当他返回时，他会比留在地球上的另一个年轻得多。这叫做双生子佯谬，但是，也只是对于头脑中仍有绝对时间观念的人而言，这才是佯谬。在相对论中并没有唯一的绝对时间，相反地，每个人都有他自己的时间测度，这依赖于他在何处并如何运动。

　　1915 年之前，空间和时间被认为是事件在其中发生的固定舞台，而它们不受在其中发生的事件的影响。即便在狭义相对论中，这也是成立的。物体运动，力吸引并排斥，但时间和空间则完全不受影响地永远延伸着。

　　然而，在广义相对论中情况则完全不同。在广义相对论中空间和时间变成了动力量：当物体运动，或者力作用时，它会影响空间和时间的曲率；反过来，时空的结构也影响了物体运动和力作用的方式。空间和时间不仅去影响、而且也被发生在宇宙中的每一件事影响着。正如离开了空间和时间的概念就无法谈论宇宙中的事件一样，同样地，在广义相对论中，在宇宙界限之外谈论空间和时间也是没有意义的。

　　在随后的几十年中，对空间和时间的这种新理解变革了我们的宇宙观。旧的宇宙观被新的宇宙观取代了。前者认为宇宙基本上是不变的，它可能已经存在了无限长的时间，并将永远继续存在下去；后者则认为宇宙在运动，在膨胀，它似乎开始于过去有限的某个时刻，并也许会在将来有限的某个时刻终结。这个变革也正是下一章的主题。几年之后，它又是我研究理论物理的起点。罗杰·彭罗斯和我证明了，爱因斯坦广义相对论意味着，宇宙必须有个开端，并且可能有个终结。

# 第3章
# 膨胀的宇宙

　　如果在一个无月的清澈夜晚仰望星空，我们能看到的最亮的天体最可能是金星、火星、木星和土星这几颗行星，还有大量与我们的太阳类似，但距离远得多的恒星。事实上，随着地球围绕着太阳公转，某些固定的恒星之间的相对位置看起来确实发生了非常微小的变化 — 它们并不是完全固定不动的！这是因为它们距离我们较近一些。当地球围绕着太阳公转时，相对于更远处的恒星背景，我们从不同的位置观测它们。对我们来讲这是件幸事，因为这使我们能直接测量这些恒星与我们的距离，它们离我们越近，在天穹中的表观位置就显得变化越大。距我们最近的恒星叫做比邻星，它离我们大约四光年远（从它发出的光大约花费4年才能到达地球），也就是大约23万亿英里。其它大部分肉眼可见的恒星与我们的距离均在几百光年之内。作为对比，太阳距离地球仅仅八光分远！可见的恒星散布在整个夜空中，但在一条被称为银河的带上显得格外集中。早在公元1750年，就有天文学家提出，如果大部分可见的恒星处在一个独立存在的碟状结构中，那么我们所见到的银河的形状就可以解释得通了。这个碟状结构便是今天被我们称为螺旋星系的一个例子。不到几十年后，天文学家威廉·赫歇尔爵士通过对大量恒星的位置和距离进行精细的编目分类，证实了这个观念。即便如此，直到本世纪初这个观念才被人们完全接受。

直到 1924 年，现代宇宙图象才被奠定下来。那一年，美国天文学家埃德温·哈勃证明了，我们的银河系不是唯一的星系。事实上，宇宙中还存在许多其它星系，而在它们之间是空无一物的广袤太空。为了证明这个想法，他必须测定这些星系的距离。但这些星系是如此遥远，相比邻近的恒星，它们看上去确实是固定不动的。因此哈勃被迫用间接的手段去测量星系距离。恒星的视亮度（或星等）取决于两个因素：它辐射出来多少光（它的光度）以及它离我们多远。而对于近处的恒星，我们可以测量其视亮度和距离，从而算出恒星光度。相反，如果我们已经知道其它星系中某恒星的光度，就可以通过测量它们的视亮度来反推它们的距离：哈勃注意到，某些特定类型的恒星近到能够被我们测量到时，总是具有相同的光度；所以他提出，如果我们在其它星系找出这样的恒星，我们就可以假定它们具有同样的光度 — 由此计算出那个星系的距离。如果我们能对同一星系中的许多恒星进行同样的测量，并且计算得到的距离结果总是相同的，那么就可以认为这个估算相当可信。

埃德温·哈勃用上述方法算出了九个不同星系的距离。现在我们都知道，银河系只是用现代望远镜可以看到的几千亿个星系中的一个，每个星系本身都包含几千亿个恒星。图 3.1 所示便是一个螺旋星系，如果生活在其它星系中的人来观察我们的星系，想必看起来也将会是类似这个样子的。我们生活在一个宽约十万光年并慢慢旋转着的星系中；位于它的螺旋臂上的恒星围绕着中心公转一圈大约需要几亿年。我们的太阳只不过是一颗普通的、平均大小的、黄色的恒星，它位于一个螺旋臂的内边缘附近。我们离开亚里士多德和托勒密的观念肯定相当远了，要知道那时人们还认为地球是宇宙的中心！

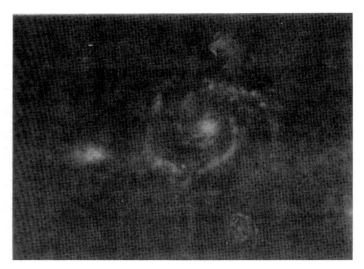

图3.1

恒星离开我们如此遥远，在我们看来，它们只是一个个极小的光点，而看不到其大小和形状。这样一来我们怎么能区分恒星的种类呢？对于绝大多数恒星而言，只有一个特征可供观测 —— 它们光的颜色。牛顿发现，如果太阳光通过一个称为棱镜的三角形状的玻璃块，就会被分解成像彩虹一样的分颜色（它的光谱）。将一台望远镜聚焦在一个单独的恒星或星系上，就可以通过类似方法观察到这个恒星或星系的光谱。不同的恒星具有不同的光谱，但不同颜色的相对亮度总是与从一个热得发红的物体发出的光中预期找到的相对亮度完全一致。（实际上，从任何不透明的灼热的物体发出的光，都具有只依赖于它的温度的特征光谱 — 热谱。这意味着可以从恒星的光谱得知它的温度。）此外，我们发现，恒星光谱中某些非常特定的颜色不见了，这些失去的颜色会随着不同恒星而发生变化。我们知道，不同的化学元素会吸收非常独特的颜色族系，因此将它们和恒星光谱中失去的颜色比较，我们就可以准确地确定恒星大气中存在哪些元素。

在 20 世纪 20 年代，当天文学家开始观测其它星系中的恒星光谱时，他们发现了一个最奇异的现象：它们和银河系当中的恒星一样具有各自的特征吸收谱线，只是所有这些谱线都向光谱的红光那端移动了同样的相对距离。为了理解其中的含意，我们必须首先了解多普勒效应。正如我们已经知道的，可见光由电磁场的起伏或波动构成。可见光的波长（或者相邻波峰之间的距离）极其微小，约为 0.0000004 至 0.0000008 米。人眼看到的不同颜色正对应了不同波长的光，最长的波长出现在光谱的红色那端，而最短的波长在光谱的蓝色那端。现在想象在离我们固定距离处有一个光源 — 例如一颗恒星 — 以固定的波长发出光波。显然，我们接收到的波长和恒星发射时的波长一样（假设星系的引力场没有强到能够影响到它），现在假定这颗恒星光源开始朝着我们运动。当光源发出第二个波峰时，相对于发出第一个波峰的时刻它会离我们更近一些，因此两个波峰之间的距离比恒星静止时波峰间距离要小。这意味着，我们接收到的波的波长比恒星静止时更短。相应地，如果光源离我们运动而去，我们接收的波的波长将变长。这也表示，当恒星离开我们而去时，它们的光谱将向红端移动（红移）；而当恒星趋近我们而来时，光谱将会蓝移。这个称作多普勒效应的描述频率和速度的关系也是我们在日常所熟悉的，例如，听一辆小汽车在路上驶过的声音：当它趋近你时，发动机的音调变高（对应于声波的短波长和高频率）；当它经过我们身边而离开时，它的音调变低。光波或射电波的行为与之类似。警察也是利用多普勒效应的原理，靠测量射电脉冲从车上反射回来的波长改变来测定车速的。

在哈勃证明了其它星系存在之后的几年里，他致力于将它们的距离分类以及观测它们的光谱。那时候大部分人以为，这些星系完全是随机运动的，据此预料红移光谱和蓝移光谱的数量将会一样多。因此，当哈勃发现大部分星系的光谱是红移的时候，确实十分惊讶：这意味着几乎所有的星系都在远离我们而去！然而，1929年哈勃发表的结果则更令人惊异：甚至连星系红移程度的大小也不是随机的，而是和星系离开我们的距离成正比。或换句话讲，星系距离我们越远，它离开我们而去的速度越快！这表明宇宙不可能像是人们原先所想象的那样处于静态，而实际上是在膨胀；不同星系之间的距离一直在增加着。

发现宇宙膨胀是20世纪最伟大的智力革命之一。事后想起来，不禁怀疑为什么过去就从未有人想到这一点呢？！牛顿和其他人早就应该意识到，一个静态的宇宙在引力的影响下将会很快开始收缩，然而如果假定宇宙正在膨胀，如果它膨胀得相当慢，那么引力的影响就会使之最终停止膨胀，然后开始收缩。但是，如果它以大于某一临界速度膨胀，使得引力永远不足以强到能使它停止膨胀，那么宇宙就将永远继续膨胀下去。这有点像当一个人在地球表面引燃火箭上天时的情形，如果火箭的速度相当小，引力将最终使火箭停止并折回地面；另一方面，如果火箭具有比某一临界值（大约每秒7英里）更大的速度，引力就不足以将其拉回，它将永远飞离地球。在19世纪、18世纪甚至17世纪晚期的任何时候，人们都有可能从牛顿的引力论预言出宇宙的这个行为。然而，当时人们对于静态宇宙的信念是如此之强，以至于这种宇宙观一直维持到了20世纪早期。1915年，爱因斯坦发表广义相对论时，也依旧肯定宇宙必须是静态的，以至于他为了得到静态宇宙的可能性，甚至在其方程中引进了所谓的宇宙常数来修正自己的理论。爱因斯坦引入一种新的力，称为"反引力"。不像其它力那样，"反引力"不需要特定的源来引发，而恰恰是时空结构固有的。他宣称，时空有一个内在的膨胀趋向，这个趋向恰好可以用来平衡宇宙间所有物质的相互吸引的作用，并由此产生一个静态的宇宙。当爱因斯坦和其它物理学家正在想方设法避免广义相对论推导出的非静态宇宙的预言时，只有一个人，即俄国物理学家和数学家亚历山大·弗里德曼，愿意真心接受广义相对论，并开始解释非静态宇宙。

对于宇宙，弗里德曼作了两个非常简单的假定：我们不论往哪个方向看，也不论在任何地方进行观测，宇宙看起来都是一样的。弗里德曼指出，仅仅从这两个观念出发，我们就应该能够预料宇宙不是静态的。事实上，弗里德曼在1922年所做的这个预言，也正是几年之后埃德温·哈勃观测到的结果！

关于宇宙在任何方向上都显得一样的假设，在实际上显然是不对的。例如，正如我们看到的，我们星系中的其它恒星形成了横贯夜空的被称为银河的明显的光带。但如果能够看得更远，向各方向看，星系数目则或多或少显得是相同的。所以假定我们在比星系间距离更大的尺度下来观测，而且忽略在小尺度下的差异，宇宙确实在所有的方向上显得是大致一样的。在很长的时间里，这为弗里德曼的假设——作为实际宇宙的粗糙近似提供了充分的理由。但是，近世出现的一桩幸运事件揭示了以下事实，弗里德曼假设实际上异常准确地描述了我们的宇宙。

1965年，美国新泽西州贝尔电话实验室的两位美国物理学家，阿诺·彭齐亚斯和罗伯特·威尔逊正在检测一台非常灵敏的微波探测器。（微波和光波同属于电磁波，只是微波波长大约为一厘米。）他们的探测器收到了比预想要大的噪声。彭齐亚斯和威尔逊非常困扰，这噪声不像来自某个特定方向。他们最初在探测器上发现了鸟粪，也检查了其它可能的故障，但很快就排除了这些可能性。他们知道，当探测器倾斜地指向天空时，从大气层里来的任何一种噪声都应该比原先垂直向上指向时更强，因为相对于直接从头顶方向接收微波，从接近地平线方向接收要穿过较厚得多的大气。然而，不管探测器朝什么方向，这个额外的噪声大小都是一样的，所以它一定是从大气层以外来的。

并且，尽管地球在自转并围绕太阳公转，它在白天、夜晚、甚至一整年当中都是一样的。这表明，这个辐射必须来自太阳系以外，甚至银河系之外，否则，当地球的运动使探测器指向太空中的不同方向时，噪声就应该会发生变化。

事实上，我们知道，这个辐射必须旅行穿过我们可观测到的宇宙的大部分才能到达我们这里，并且由于它在不同方向上都一样大，因此宇宙在大尺度下也必须是各向同性的。现在我们知道，不管我们朝什么方向看，这个噪声的变化都是非常微小的：这样，彭齐亚斯和威尔逊无意中异常精确地证实了弗里德曼的第一个假设。然而，由于宇宙并非在每一个方向上完全相同，而是在大尺度的平均上相同，所以微波辐射也不可能在每一个方向上完全相同。在不同的方向之间必须有一些小差别。1992 年宇宙背景探测者，或称为 COBE，首次检测到了微波背景的这个小差别，其幅度大约为十万分之一。尽管这些变化很小，但是正如我们将在第八章解释的，它们非常重要。

大约与彭齐亚斯和威尔逊在研究探测器中的噪声的同时，附近的普林斯顿大学的两位美国物理学家，罗伯特·狄克和詹姆士·皮帕尔斯也对微波很感兴趣。他们正在研究乔治·伽莫夫（曾为亚历山大·弗里德曼的学生）的一个见解：早期的宇宙一定是非常密集和白热的。狄克和皮帕尔斯认为，我们应该仍然能探测到早期宇宙的光辉，这是因为从宇宙的非常遥远部分来的光，应该刚好现在才到达我们这儿。然而，宇宙的膨胀使得这部分光红移得如此厉害，因此现在它们只能作为微波辐射被我们观测到。正当狄克和皮帕尔斯准备寻找这个辐射时，彭齐亚斯和威尔逊听说了他们的工作，并且意识到，自己已经找到了它。为此，彭齐亚斯和威尔逊被授予1978年的诺贝尔奖（狄克和皮帕尔斯看来有点难过，更别提伽莫夫了）。

　　现在初看起来，关于宇宙在任何方向看起来都一样的所有证据似乎暗示，我们在宇宙中的位置有点特殊。特别是，如果我们观测到所有其它的星系都在远离我们而去，那我们似乎必须是在宇宙的中心。然而，还存在其它可能的解释：从任何其它星系上来观测，宇宙在任何方向上可以也都一样。正如我们已经知道的，这也就是弗里德曼的第二个假设。我们没有任何科学的证据去相信或反驳这个假设。我们之所以相信它只是基于谦虚：因为如果宇宙只在围绕我们的所有方向显得相同，而在围绕宇宙的其它点却并非如此，将会是非常令人惊奇的！在弗里德曼模型中，所有的星系都在直接互相远离而去。这个情形很像一个画上好多斑点的气球被逐渐吹胀的过程。当气球膨胀时，任意两个斑点之间的距离都会加大，但没有一个斑点可认为是膨胀的中心。此外，斑点相离得越远，则它们相互离开的速度将会越快。类似地，在弗里德曼的模型中，任何两个星系相互远离的速度和它们之间的距离成正比。据此人们预言，星系的红移应与离开我们的距离成正比，这也正是哈勃发现的观测事实。尽管弗里德曼的模型取得了成功并预言了哈勃的观测，但是直到1935年，为了响应哈勃的宇宙均匀膨胀的发现，美国物理学家霍瓦德·罗伯逊和英国数学家阿瑟·瓦尔克建立了类似的模型后，弗里德曼的研究才在西方被普遍了解。

　　虽然弗里德曼只找到了一个模型，但其实满足他的两个基本假设的共有三类模型。在第一类模型（即弗里德曼找到的）中，宇宙膨胀得足够慢，不同星系之间的引力将会使膨胀减缓，并最终停止膨胀，然后星系开始相互靠近，宇宙收缩。图3.2表示随着时间增加两个邻近星系之间距离的变化。刚开始时距离为零，接着它增长到最大值，然后又减小到零。在第二类解中，宇宙膨胀得如此之快，引力虽然能使膨胀速度缓慢一些，却永远不能使之停止。图3.3展示在此模型中的邻近星系之间的距离。刚开始时距离为零，最后星系以恒定的速度相互远离对方。最后，还有第三类解，宇宙的膨胀速度快到恰好足以避免坍缩。正如（图3.4）所示的，星系的距离也从零开始，然后永远增大，然而，虽然星系相互远离的速度永远不会完全变为零，但是却会越变越小。

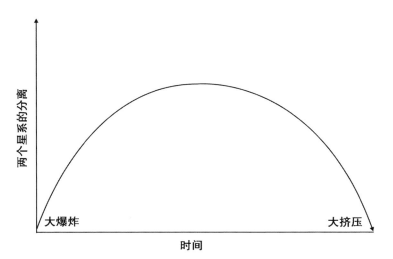

图3.2

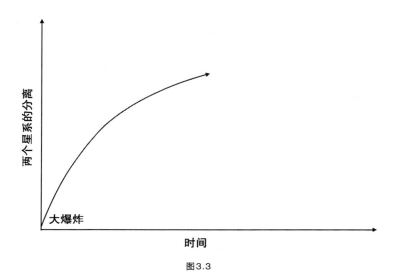

图3.3

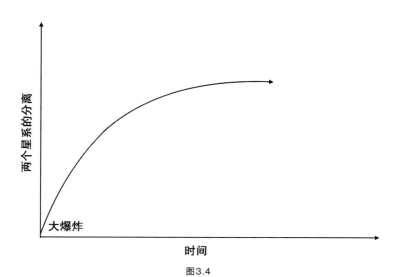

图3.4

　　第一类弗里德曼模型的一个奇异特点是，宇宙在空间上不是无限的，但却没有边界。引力如此强大，将空间折弯使之再绕回到自身上，这样一来就使得空间结构变得和地球的表面相当类似。如果有人在地球的表面上沿着一定的方向不停地前进，他永远不会遇到一个不可超越的障碍或从边缘掉下去，反而会最终回到他出发的那一点。第一类弗里德曼模型中的空间与此非常相像，只不过地球表面是二维的，而它是三维的。而第四个维度，时间，在范围上也是有限的，时间像一根有两个端点或边界，即开端和终端的线。以后我们会理解，当我们将广义相对论和量子力学的不确定性原理结合在一起时，就可能使空间和时间都成为有限的，而没有任何边缘或边界。

　　可以绕宇宙一周最终回到出发点的这个思想是创作科幻小说的好题材，但它实际上并没有多大意义。因为我们可以证明，一个人还没来得及绕回一圈，宇宙就将会坍缩到了尺度为零的状态。你必须运动得比光还快，才能在宇宙终结之前绕回到你的出发点 —— 而这是不可能的！

　　在第一类弗里德曼模型中，宇宙膨胀后又坍缩，空间如同地球表面那样，弯折回自身。在第二类永远膨胀的模型中，空间以另一种的方式弯曲，形状如同一个马鞍表面。所以，在这种情形下，空间是无限的。最后，在第三类弗里德曼模型中，宇宙以临界速度膨胀，空间是平坦的（因此也是无限的）。

　　但是究竟哪一种弗里德曼模型正确描述了我们的宇宙呢？

宇宙最终会停止膨胀并开始收缩吗，还是将永远膨胀下去呢？要回答这个问题，我们必须知道现在的宇宙膨胀速度和它现在的平均密度。如果密度比一个由膨胀率决定的临界值还小，那么就意味着引力太弱不足以将膨胀停止；如果密度比这个临界值大，那么引力作用会在未来的某一时刻使得膨胀停止并使宇宙坍缩。

利用多普勒效应，可由测量星系离开我们的速度来确定现在的宇宙膨胀速度。我们可以非常精确地进行星系退行速度的测量。然而，因为我们只能间接地测量星系的距离，所以不能得到它们的精确距离。因此我们现在只大概了解到，宇宙正在每十亿年膨胀5%～10%。然而，我们对现在宇宙的平均密度的测量更不准确。如果将银河系和其它星系的所有能观测到的恒星的质量加起来，其质量总量还不到能够阻止膨胀的临界值的1%，而这甚至还是对于膨胀率的最小估值而言。然而，在我们以及其它的星系里还应该包含大量的"暗物质"，虽然我们不能直接观测到它，但由于其引力对星系中恒星轨道的影响，我们可以判定它必定存在。此外人们发现，大多数星系是成团的。我们能类似地通过暗物质对星系运动的效应推断出，在这些成团的星系之间还存在更多的暗物质。然而，将所有这些暗物质加在一起，我们仍只能计算出为停止膨胀必需的十分之一左右的宇宙密度。然而，我们不能排除这样的可能性，即还有我们尚未探测到的其它的物质形式，这些物质几乎均匀地分布于整个宇宙中，它的存在仍可能使得宇宙的平均密度达到停止膨胀所必需的临界值。因此，现在所有的证据暗示，宇宙可能会永远地膨胀下去。不过我们能真正肯定只是，既然宇宙已经至少膨胀了一百亿年，即便它要坍缩，至少也得再过这么久才有可能。因此我们不必过度忧虑 —— 到那时候，除非我们到太阳系以外开拓了殖民地，否则人类早就已经随着太阳死亡殆尽！

　　所有的弗里德曼解都具有一个特点，即在过去的某一时刻（约一百亿至二百亿年之前）邻近星系之间的距离一定为零。在这个被我们称为大爆炸的时刻，宇宙的密度和时空曲率都是无限大。由于数学不能真正地处理无限大的数，这意味着，广义相对论（弗里德曼解的基础）预言，在宇宙中存在一点，在该处广义相对论本身崩溃。像这样的点是数学上被称为奇点的一个例子。事实上，我们所有的科学理论都是基于时空是光滑和几乎平坦的基础上构想出来的，所以它们都将在时空曲率为无限大的大爆炸奇点处崩溃。这意味着，即使在大爆炸前发生过事件，我们也无法用它们来预测大爆炸之后会发生什么，因为可预见性在大爆炸处崩溃了。

　　相应地，如果 —— 事实也正是如此 —— 我们只知道在大爆炸后发生的事件，我们就无法确定在大爆炸之前发生了什么。就我们而言，大爆炸之前的事件没有后果，所以并不构成宇宙的科学模型的一部分。因此，我们应将它们从模型中割除掉，并宣称时间是从大爆炸开始的。

　　很多人不喜欢时间有个开端的观念，可能是因为它略带有神的干涉的味道。（另一方面，天主教会抓住了大爆炸模型，并在1951年正式宣告，它和《圣经》所描述的相符合。）因此，人们多次企图避免曾经存在过大爆炸的这一结论。所谓稳态理论曾经得到过最广泛的支持。它是由曾经被纳粹占领的奥地利来的两个难民 —— 赫曼·邦迪和托马斯·高尔德，以及一个在战时和他们一道从事雷达研制的英国人 —— 弗雷德·霍伊尔于1948年共同提出的。这个理论认为，当星系相互远离时，正在连续产生的新物质在它们中间不断地形成新的星系。因此，在空间的所有点以及在所有的时间上，宇宙看起来在大致上是相同的。稳态理论需要对广义相对论进行修正，使之允许物质的连续生成，但它给出的物质产生率是如此之低（大约每年每立方千米当中产生一个粒子），以至于该理论不会与实验结果相冲突。在第一章叙述的意义上，这是一个好的科学理论：它非常简单，并能够做出能被观测者检验的确定预言。其中一个预言是，无论在宇宙的何时何地，我们观测到的给定的空间体积内星系或类似物体的数目必须一样。20世纪50年代晚期和60年代早期，由马丁·赖尔（他在战时也和邦迪、高尔德以及霍伊尔共事，作雷达研究）领导的一个天文学家小组在剑桥对从外太空来的射电源进行了巡天搜索。这个剑桥小组指出，这些射电源的大多数必须位于我们星系之外（它们中的许多确实可被认证为与其它星系相关），并且其中的弱源比强源数目多得多。他们将弱源解释为较远的源，强源为较近的源。结果发现，在近处，单位空间体积内普通的源的数目似乎比远处稀少。这可能表明，我们处于宇宙的一个巨大区域的中心，而这里的源比其它地方更为稀少。另外一个解释是，在射电波向我们所在的时空位置发出的过去的那一时刻，宇宙当中具有比现在更密集的射电源。任何一种解释都和稳态理论相矛盾。此外，1965年彭齐亚斯和威尔逊的微波背景辐射的发现还指出，宇宙在过去必定密集得多。因此人们不得不抛弃了稳态理论。

1963年，两位苏联科学家欧格尼·栗弗席兹和艾萨克·哈拉尼可夫做了不同的尝试，设法避免大爆炸的存在并因此引起时间起点的问题。他们提出，大爆炸可能只是弗里德曼模型的一个奇怪特性，毕竟这个模型只是真实宇宙的一种近似。也许，在所有大体类似真实宇宙的模型中，只有弗里德曼模型包含大爆炸奇点。在弗里德曼模型中，所有星系都直接相互远离 — 所以一点都不奇怪，在过去的某一时刻它们必须集中在同一点上。然而，在实际的宇宙中，星系不仅在一条直线上相互远离，它们还有一些侧向的速度。所以，在实际上它们从来没必要恰好在同一点上，只不过曾经非常靠近对方而已。也许，现在膨胀着的宇宙不是来自于大爆炸奇点，而是来自于更早期的收缩相；当过去某一时刻宇宙发生坍缩时，其中的粒子可以不都撞在一起，而是相互离得很近飞过然后又离开，产生了现在的宇宙膨胀。那么我们怎么才能得知实际的宇宙是否从大爆炸起始的呢？栗弗席兹和哈拉尼可夫所做的，是去研究和弗里德曼模型大体相像的宇宙模型，但是考虑了实际宇宙中的星系的不规则性和速度的随机性。他们指出，即使星系不再总是呈一条直线远离对方，这样的模型仍然可能以大爆炸开始。但是他们同时也宣称，这只可能在某些例外的模型中才会发生，在这些模型当中所有星系都以被精确指定的方式在运动。他们论证道，似乎没有大爆炸奇点的类弗里德曼模型比有此奇点的模型多无限多倍，所以我们应该得出的结论是，实际上并没有发生过大爆炸，然而，后来他们意识到，存在更为普适的具有奇点的类弗里德曼模型，而在这些模型当中星系不必以任何特别的方式运动。所以，他们在1970年撤回了自己的主张。

栗弗席兹和哈拉尼可夫的工作是有价值的。因为它证明，如果广义相对论是正确的，那么宇宙有可能有过奇点，或者说发生过一个大爆炸。然而，它没有解决关键的问题：广义相对论是否预言我们的宇宙一定发生过大爆炸或存在时间的开端？对于这个问题的回答，要用由英国数学家兼物理学家罗杰·彭罗斯在1965年引进的完全不同的手段。利用广义相对论中光锥的行为方式以及引力总是起到吸引作用的这个事实，他证明了，坍缩的恒星在自己的引力作用下将陷入到一个区域之中，该区域的表面积最终缩小为零。并且由于它的表面积缩小到零，它的体积也应如此。恒星中的所有物质将被压缩到一个零体积的区域里，所以物质的密度和时空的曲率都将变成无限大。换言之，我们得到了一个奇点，这个奇点被包含在一个叫做黑洞的时空区域中。

彭罗斯的结果乍看起来只适用于恒星；它并没有涉及任何关于整个宇宙的过去是否有个大爆炸奇点的问题。当彭罗斯创作他的定理之时，我还是一名研究生，正在尽力寻求一个作为我的博士论文的问题。两年之前我被诊断得了肌萎缩侧索硬化症，通常又称为卢伽雷病或运动神经元病，并且得知只有一两年的寿命了。在这种情况下，看起来我没有必要攻读博士学位

了 — 医生预料我活不了那么久。然而两年过去了，我的身体状况也没有糟到那种程度。事实上，我的生活还过得相当好，还和一个非常好的姑娘 — 简·瓦尔德订婚了。但是为了结婚，我需要一份工作；为了得到工作，我需要一个博士学位。

　　1965 年，我读到彭罗斯关于任何物体受到引力坍缩必定最终形成一个奇点的定理，我很快意识到，如果人们将彭罗斯定理中的时间方向颠倒，从而使坍缩变成膨胀，并且假定现在宇宙在大尺度上大体类似弗里德曼模型，这个定理的条件仍然成立。彭罗斯定理已经指出，任何坍缩星体必将终结于一个奇点；而将时间颠倒后得到的论证则是，任何类弗里德曼膨胀宇宙一定是从一个奇点开始的。由于技术原因，彭罗斯定理需要宇宙在空间上是无限的条件。因此，在实质上，我能用它来证明，只有当宇宙膨胀得快到足以避免重新坍缩时（因为只有那弗里德曼模型才是空间无限的），才一定存在一个奇点。

　　在随后的几年中，我发展了新的数学技巧，从用于证明奇点一定发生的定理中除去了这个条件和其它技术上的条件。最后的结果是 1970 年彭罗斯和我的合作论文。那篇论文最后证明了，只要假定广义相对论是正确的，而且宇宙包含着我们观测到的这么多物质，那么一定有过一个大爆炸奇点。我们的研究遭遇了许多的反对意见，部分来自苏联人，由于他们对马克思主义科学决定论的信仰；另一部分来自某些其他的人，他们认为整个奇点的观念是矛盾的，并糟蹋了爱因斯坦理论的完美。然而，人实在不能辩赢数学定理。所以我们的研究最终被广泛接受，现在几乎每个人都认为宇宙是从一个大爆炸奇点起始的。颇具讽刺意味的是，现在我自己改变了想法，试图去说服其它物理学家，事实上在宇宙的开端并没有奇点 — 正如我们将要看到的，一旦考虑了量子效应，奇点就会消失。

我们在这一章已经看到，在不到半个世纪的时间里，我们几千年来形成的宇宙观被转变了。哈勃关于宇宙膨胀的发现，以及关于我们自己的行星在茫茫宇宙中微不足道的认识，只不过是起点而已。随着实验和理论证据的积累，我们越来越清楚地认识到，宇宙在时间上必须有个开端。直到1970年，在爱因斯坦广义相对论的基础上，彭罗斯和我才证明了它。这个证明显示，广义相对论只是一个不完全的理论，它不能告诉我们宇宙是如何开始的，因为它预言，所有包括它自己在内的物理理论都在宇宙的开端失效。然而，广义相对论被宣称为一个部分理论，所以奇点定理真正显示的是，在极早期宇宙中一定有过一个时刻，那时宇宙是如此之小，使得我们不能再不理会20世纪另一个伟大的部分理论，量子力学的小尺度效应。20世纪70年代初期，我们被迫从极其巨大范围的理论理解宇宙转变到从极其微小范围的理论来理解宇宙。在我们努力将这两个部分理论结合成一个单独的量子引力论之前，下面首先描述量子力学这个理论。

# 第 4 章
# 不确定性原理

　　科学理论，尤其是牛顿引力论的成功，导致法国科学家拉普拉斯侯爵在19世纪初论断，宇宙是完全确定性的。拉普拉斯提出，应该存在这样的一系列科学定律，只要知道了宇宙在某一时刻的完整状态，我们便能利用这些科学定律预测宇宙中将会发生的任何事件。例如，假定我们知道某一个时刻的太阳和行星的位置和速度，就可以利用牛顿定律计算出在任何其它时刻的太阳系的状态。在这种情形下决定论是显而易见的，但拉普拉斯拓展了决定论，他假定还存在着某些类似的科学定律，它们制约其它所有事物，包括人类的行为。

　　很多人强烈地抵制科学决定论教义，他们认为这侵犯了上帝干涉世界的自由。但直到20世纪初，以上观念仍被认为是科学的标准假定。英国科学家瑞利勋爵和詹姆士·金斯爵士所做的一个计算成为科学决定论必须被抛弃的最初征兆。按照当时人们相信的定律，一个热体必须在所有不同的频率上发出等量的电磁波（诸如在射电波段、可见光波段或X射线波段）。例如，一个热体在波动频率为每秒一万亿次至二万亿次之间的波发出的能量和波动频率在每秒二万亿次至三万亿次之间的波所发出的能量是相同的。而瑞利和金斯指出，既然每秒内波动数即频率的大小没有限制，这意味着辐射出的总能量也必然是无限的。由此可以推出，一个热的物体例如恒星，必定以无限大的速率辐射出能量。

为了避免出现这个显然荒谬的结果，1900年，德国科学家马克斯·普朗克提出，热源不能以任意的速率辐射出光波、X射线和其它波，而只能以某种被称为量子波包的形式发射。此外，每个量子具有确定的能量，波的频率越高，其能量越大。如果频率足够高，那么辐射单个量子所需的能量就会比热源所具有的能量还要高。因此，高频的辐射量必然减少，这样一来，使物体丢失能量的速率就变成有限的了。

量子假设可以非常成功地解释观测到的热体的辐射发射率，但直到1926年，另一位德国科学家沃纳·海森伯提出著名的不确定性原理之后，人们才意识到它对决定论的含义。为了预测一个粒子未来的位置和速度，我们必须能够准确地测量它现在的位置和速度。显而易见的办法是将光照到这个粒子上。一部分光波将被此粒子散射开来，由此指示它的位置。然而，我们不可能将粒子的位置精确测定到小于光的两个波峰之间距离，所以为了精确测量粒子的位置，必须用短波长的光来进行测量。可是，按普朗克的量子假设，我们不能用任意小量的光；至少要用到一个光量子来进行测量。而这个光量子会对粒子产生扰动，并以一种不可能预见的方式改变粒子的速度。此外，为了把位置测量得越准确，所需的波长就越短，而此时单个量子的能量就越大，这样一来粒子的速度就会被扰动得越厉害。换言之，对粒子的位置测量得越准确，对其速度的测量就会越不准确，反之亦然。海森伯指出，粒子位置的不确定性和粒子质量以及速度的不确定性的乘积不能小于一个确定量，该确定量称为普朗克常量。并且，这个极限的值既不依赖于测量粒子位置和速度的方法，也不依赖于粒子的种类。海森伯不确定性原理是宇宙中的一个无法回避的基本性质。

不确定性原理对我们的世界观有着非常深远的影响。甚至到了 50 多年之后，它还是大量了争议的主题，依旧未被许多哲学家所鉴赏。不确定性原理使拉普拉斯的科学理论，即有可能建立一个完全确定性的宇宙模型的梦想寿终正寝：我们甚至不能准确地测量宇宙现在的状态，那么也肯定不能准确地预言将来的事件！不过我们仍然可以想象，对于一些超自然的生物，存在一系列能够完全地决定事件的科学定律，这些生物能够在不干扰宇宙的条件下观测宇宙现在的状态。然而，对于我等芸芸众生而言，这样的宇宙模型并没有太多的兴趣。看来，我们最好是采用称为奥卡姆剃刀的经济原理，将理论中不能被观测到的所有特征都割除掉。20 世纪 20 年代，在不确定性原理的基础上，海森伯、厄文·薛定谔和保尔·狄拉克运用这种手段将力学重新表述成被称为量子力学的新理论。在此理论中，粒子不再拥有各自的明确定义的而且不能被观测的位置和速度。取而代之，粒子具有位置和速度的一个结合物，即量子态。

总的来讲，量子力学并不能对一次观测预测出一个单独确定的结果。取而代之，它可以预测出一组可能发生的不同结果，并告诉我们每个结果出现的概率。也就是说，如果我们对大量类似的系统进行相同的测量，而每一个系统的开始方式相同，我们将会发现测量的结果为A的将出现一定的次数，为B的出现不同的次数，等等。我们可以预测结果为A或B出现的近似次数，但不能预测个别测量将出现什么特定结果。因而量子力学把这个不可预见性或随机性的不可避免的因素引进了科学的领域。尽管爱因斯坦对发展这些观念起了很大作用，但他非常强烈地反对这个理论。而他之所以得到诺贝尔奖就是因其对量子理论的贡献。即使如此，他也从不接受宇宙受偶然性控制的观点；他的情绪可以借用他著名的声明来表达："上帝不掷骰子。"然而，大多数科学家都愿意接受量子力学，因为它和实验符合得很完美。量子论的的确确成为了一个极其成功的理论，并成为几乎所有现代科学技术的基础。它制约着晶体管和集成电路的行为，而这些正是诸如电视、计算机这样的电子产品的基本元件。它还是现代化学和生物学的基础。在物理科学上，还未与量子力学进行适当结合的仅存的领域是引力和宇宙的大尺度结构。

虽然光是由波组成的，但是普朗克的量子假设告诉我们，在某些方面，它似乎以它是由粒子组成的某种方式行为 — 它只能以波包或光量子的形式来进行发射或吸收。同样地，海森伯的不确定性原理意味着，粒子在某些方面的行为像波一样，它们没有确定的位置，而是被"抹平"成一定的几率分布。量子力学理论基于一个全新的数学基础之上，不再按照粒子和波来描述真实世界；而只不过利用这些术语，来描述我们观测到的世

界。这样一来，在量子力学中就存在着波和粒子的对偶性：为了
某些目的将粒子考虑成波是有助的，而为了其它目的最好要将
波考虑成粒子。这导致一个很重要的结果，我们可以观察到两
束波或粒子之间会发生所谓的干涉。那也就是，一束波的波峰
可以和另一束波的波谷相重合。而这样一来这两束波就将相互
抵消，而不像我们原本预料的那样，叠加在一起形成更强的波
（图4.1）。一个我们所熟知的光干涉的例子是，肥皂泡上经常能
看到五彩的颜色。这是从肥皂泡薄薄的一层水膜的内、外表面
的光反射引起的。我们知道白光由所有不同波长或颜色的光波
组成，对于某个波长，从水膜外表面反射的波的波峰和从水膜
内表面反射的波的波谷相重合时，对应于此波长的颜色就在反
射光中消失了，所以肥皂泡就显得五彩缤纷。

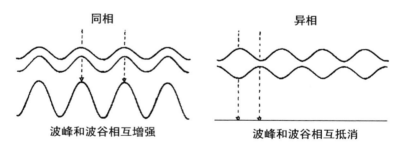

同相 异相

波峰和波谷相互增强 波峰和波谷相互抵消

图4.1

　　由于量子力学引进的波粒对偶性，粒子也会产生干涉。所
谓的双缝实验即是一个著名的例子（图4.2）。有一个带有两个
平行狭缝的隔板，在它的一边放上一个特定颜色（即特定波长）
的光源。大部分光都将射在隔板上，但是一小部分光会通过这

两条缝。将一个屏幕放到隔板的另一边，屏幕上的任何一点都
能接收到两条狭缝来的光波。然而，一般而言，光从光源出发通
过这两条狭缝又到达屏幕上某一点所经过的距离是不同的。这
表明，从狭缝来的光到达屏幕的时候不再是同相的：有些地方
光波相互抵消，其它地方它们相互加强，结果形成了带有亮暗
条纹的特征图。

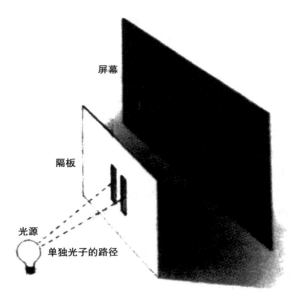

图4.2

　　令人非常惊异的是，如果将光源换成粒子源，譬如具有一
定速度（这表明其对应的波有确定的波长）的电子束，人们得到
完全同样类型的条纹。而在只有一条狭缝的情况下是得不到任
何条纹的，得到的只不过是电子在后方屏幕上的均匀分布，这

使得上面的实验显得更为奇怪了。我们也许因此会认为，另开一条缝只不过是打到屏幕上每一点的电子数目增加了而已。但是，实际上由于干涉，在某些地方电子数目反而减少了。如果每次只发射一个电子通过狭缝，我们自然会认为，每个电子穿过这条狭缝或者那条狭缝，因此它的行为正如通过只有一条狭缝一样 — 屏幕上会给出一个均匀的分布。然而，实际上即便每次只发出一个电子，条纹仍然出现了。因此，每个电子应该是在同一时刻通过了两条狭缝！

粒子间的干涉现象，对于我们理解原子的结构至为关键，而后者是化学和生物的基元，以及组成我们以及周围万物的构件。在 20 世纪初，人们认为原子结构和行星围绕着太阳公转的形式相当类似，电子（带负电荷的粒子）围绕着带正电荷的中心核公转。人们以为是正电荷和负电荷之间的吸引力在维持电子的轨道，正如同行星和太阳之间的万有引力维持着行星的运动轨道一样。麻烦在于，在量子力学理论出现之前，力学和电学的相关定律预言，电子会逐渐失去能量，以螺旋线轨道落向并最终撞击到核上去。这表明原子，实际上所有的物质，都会很快地坍缩成一种密度非常高的状态。丹麦科学家尼尔斯·玻尔在 1913 年，为这个问题找到了部分的解答。他提出，也许电子围绕中心核公转的距离不能是任意的，而只能在一些指定的距离处公转。如果我们再假定，只有一个或两个电子能在这些任一指定距离的轨道上公转，就能够解决原子坍缩的问题，因为这样一来电子在充满了最小距离和最小能量的轨道之后，就不能进一步向里螺旋靠近原子核了。

对于最简单的原子 —— 氢原子的结构，在氢原子当中只有一个电子围绕着原子核运动，这个模型解释得相当好。但人们不清楚要怎么样才能将这个理论推广到更复杂的原子上去。并且，限定一组允许的轨道的思想显得非常随意。而量子力学的新理论解决了这一困难。一个围绕核公转的电子可被认为是一个波，其波长依赖于其速度。对于一定的轨道，轨道的长度对应于整数（而不是分数）倍电子的波长。在这些轨道上，电子每绕一圈波峰总在该轨道上的同一位置，所以在这些轨道上波就相互叠加；这些轨道对应于玻尔允许的轨道。然而，对于那些长度不为波长整数倍的轨道，当电子围绕着运动时，每个波峰将最终被波谷抵消；这些轨道是不允许的。

美国科学家理查德·费恩曼引入的所谓对历史求和（即路径积分）的方法是一个摹写波粒对偶性的好方法。在这个方法中，粒子不像在经典理论亦即非量子理论中那样，在时空中只有一个确定的历史或者说一个确定路径。相反地，我们假定粒子从A到B经过了所有可能的轨道。关于每个路径都存在一对数：其中一个数表示波的幅度，另一个数表示在循环中的位置（即相位，也就是在波峰还是波谷）。而从A出发将会走到B的几率是应将所有从A到B的可能路径的波叠加得到。一般而言，如果比较一族邻近的路径，相位或在周期循环中的位置差别很大。这意味着，对应于这些轨道的波几乎都相互抵消了。然而，对于某些邻近路径的集合，它们之间的相位变化不大，路径对应的波不会被抵消掉。这种路径对应于玻尔的允许轨道。

　　利用这些思想，通过具体的数学形式，可以相对直截了当地计算更复杂的原子甚至分子的允许轨道。分子是由一些原子因轨道上的电子围绕不止一个原子核运动而束缚在一起形成的。由于分子的结构，以及它们之间的反应构成了化学和生物的基础，在不确定性原理设定的限制之内，在原则上，量子力学允许我们预言我们周围的几乎一切东西。（然而，实际上对一个包含稍多电子的系统需要的计算就如此之复杂，以至于我们还做不到这一点。）

　　看来，爱因斯坦广义相对论制约着宇宙的大尺度结构。它是所谓的经典理论；也就是说，它没有考虑到量子力学的不确定性原理，而为了和其它理论相协调，考虑量子力学的效应是必要的。因为我们通常体验到的引力场非常弱，所以这个理论并没导致和观测的偏离。然而，早先讨论的奇点定理指出，至少在两种情形下引力场会变得非常强：黑洞和大爆炸。在这样强的引力场里，量子力学效应是非常重要的。因此，在某种意义上，由于预测出无限大密度的点，经典广义相对论预示了自身的崩溃，正如同经典（也就是非量子）力学，由于隐含着原子必须坍缩成无限的密度的结果，而预言自身的崩溃一样。我们还没有一个完备的协调的统一广义相对论和量子力学的理论，但是我们已经知道了这个理论所应该具有的一系列特征。在以下几章里我们将描述这些对黑洞和大爆炸的效应。然而，此刻我们将先转去介绍人类新近的尝试，他们试图将对自然界中其它力的理解合并成一个单独的统一的量子理论。

# 第 5 章
# 基本粒子和自然的力

　　亚里士多德相信宇宙中的所有物质都由四种基本元素，即土、气、火和水组成。有两种力作用在这些元素上：引力，这是指土和水往下沉的趋势；浮力，这是指气和火向上升的倾向。这种将宇宙的内容分割成物质和力的做法一直沿袭至今。

　　亚里士多德相信物质是连续的，也就是说，人们可以将物体无限地分割成越来越小的小块，即人们永远不可能得到一个不可再分割下去的最小颗粒。然而几个希腊人，例如德谟克里特，则坚持物质具有固有的颗粒性，而且认为万物都由大量的各种不同类型的原子组成（原子在希腊文中的意义是"不可分的"。）争论一直持续了几个世纪，任何一方都没有任何真正的证据。但是1803年英国的化学家兼物理学家约翰·道尔顿指出，化合物总是以一定的比例结合而成的，这个事实可用由原子聚合一起形成称作分子的个体来解释。然而，直到20世纪初，这两个思想学派之间的争论才以原子论者的胜利而告终。爱因斯坦提供了其中一个重要的物理学证据。1905年，在他关于狭义相对论的著名论文发表之前几周，他在发表的另一篇文章里指出，所谓的布朗运动 — 悬浮在液体中尘埃小颗粒的无规随机运

动 — 可以解释为液体原子和灰尘粒子碰撞的效应。

　　当时就已经有人怀疑，这些原子终究不是不可分割的。几年前，一位剑桥大学三一学院的研究员 J.J. 汤姆孙演示了一种称为电子的物质粒子存在的证据。电子具有比最轻原子还小一千倍的质量。他使用了一种和现代电视显像管相当类似的装置：由一根红热的金属细丝发射出电子，由于它们带负电荷，可用电场将其朝一个荧光涂层的屏幕加速。电子一打到屏幕上就会产生一束束的闪光。人们很快就意识到，这些电子一定是从原子本身中释放出来的。1911 年，新西兰物理学家恩斯特·卢瑟福最后证明了物质的原子确实具有内部结构：它们是由一个极其微小的带正电荷的核以及围绕着它公转的一些电子组成。他分析了从放射性原子释放出的带正电荷的阿尔发粒子和原子碰撞会引起偏转的方式，从而推出这一结论。

　　最初，人们认为原子核是由电子和不同数量的带正电的叫作质子的粒子组成。质子是由希腊文中表达"第一"的词演化而来的，因为质子被认为是组成物质的基本单位。然而，1932 年，卢瑟福在剑桥的一位同事詹姆斯·查德威克发现，原子核还包含另外称为中子的粒子，中子几乎具有和质子一样大的质量，但不带电荷。查德威克因为这个发现而获得诺贝尔奖，并被选为剑桥龚维尔和基斯学院（我即为该学院的研究员）院长。后来，因与其他研究员不和，他辞去院长职务。一群战后回来的年轻的研究员将许多已占据位置多年的老研究员选掉后，曾有过一场激烈的辩论。这是在我去以前发生的；我在 1965 年，这场争论尾声才加入该学院，当时另一位获诺贝尔奖的院长奈维尔·莫特爵士也因类似的争论而辞职。

直到大约30年以前，人们还以为质子和中子是"基本"粒子。但是，质子和另外的质子或电子高速碰撞的实验表明，它们事实上是由更小的粒子构成的。加州理工学院的默雷·盖尔曼将这些粒子命名为夸克。由于对夸克的研究，他获得1969年的诺贝尔奖。此名字起源于詹姆斯·乔伊斯神秘的引语："Three quarks for Muster Mark！"夸克这个字应发夸脱的音，不过最后的字母是k而不是t，通常和拉克（云雀）相押韵。

存在有几种不同类型的夸克：存在六种"味"，我们将它们分别称为上、下、奇、粲、底和顶。20世纪60年代起人们就知道前三种夸克，1974年才发现粲夸克，1977年和1995年分别发现底夸克和顶夸克。每种味都带有三种"色"，即红、绿和蓝。（必须强调，这些术语仅仅是标签：夸克比可见光的波长小得多，而因此不拥有在通常意义下的任何颜色。这只不过是当代物理学家在命名新粒子和新现象时似乎更富有想象力而已 —— 他们不再让自己受限于希腊文！）一个质子或中子由三个夸克组成，每个夸克各有一种颜色。一个质子包含两个上夸克和一个下夸克；一个中子包含两个下夸克和一个上夸克。我们可以创生由其它种类的夸克（奇、粲、底和顶）构成的粒子，但所有这些都具有大得多的质量，并非常快地衰变成质子和中子。

现在我们知道，不管是原子还是其中的质子和中子都不是不可分的。问题在于什么是真正的基本粒子 — 构成世界万物的最基本的构件？由于光的波长比原子的尺度大得多，我们不能期望以通常的方法去"看"一个原子的部分。我们必须用某些波长短得多的东西。正如我们在上一章看到的，量子力学告诉我们，实际上所有粒子都是波，粒子的能量越高，则其对应的波的波长就越短。所以，我们能对这个问题给出的最好的回答，取决于任我们支配的粒子能量有多高，因为这决定了我们能看到的尺度有多小。这些粒子的能量通常用叫作电子伏特的单位来测量。（在汤姆孙的电子实验中，我们看到他用一个电场去加速电子，一个电子从一个伏特的电场得到的能量即是一个电子伏特。）在19世纪，化学反应 — 诸如燃烧 — 产生的几个电子伏特的低能量是人们仅知道使用的粒子能量，大家以为原子即是最小的单位。在卢瑟福的实验中，阿尔发粒子具有几百万电子伏特的能量。更近的时代，我们获悉如何使用电磁场给粒子提供首先是几百万，接着是几十亿电子伏特的能量。这样我们知道，30年之前以为是"基本"的粒子，事实上是由更小的粒子组成。如果我们利用更高的能量，是否会接着发现这些粒子是由更小的粒子组成的呢？这一定是可能的。但我们确实有一些理论上的原因，相信我们已经拥有，或者说接近拥有自然的终极构件的知识。

用上一章讨论过的波粒对偶性，包括光和引力的宇宙中的一切都能以粒子来描述。这些粒子有一种称为自旋的性质。思考自旋的一个方法是将粒子想象成围绕着一个轴自转的小陀螺。然而，这可能会引起误导，因为量子力学告诉我们，粒子并没有任何很好定义的轴。粒子的自旋真正告诉我们的是，从不同的

方向看粒子是什么样子的。一个自旋为0的粒子像一个点：从任
何方向看都一样〔图5.1(ⅰ)〕。另一方面，自旋为1的粒子像一个
箭头：它从不同方向看是不同的〔图5.1(ⅱ)〕。只有把它转过一
整圈（360°）时，这粒子才显得一样。自旋为2的粒子像个双
头的箭头〔图5.1(ⅲ)〕：只要把它转过半圈（180°），它看起来
便是一样的。类似地，更高自旋的粒子只要转过整圈的更小的
部分后，它看起来便是一样的了。所有这一切都是相当直截了
当，但惊人的事实是，存在某些粒子，把它们转过一圈后仍然显
得不同：你必须使其转两整圈！这样的粒子就说是具有二分之一
的自旋。

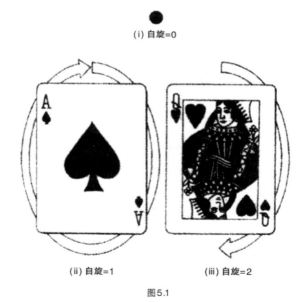

(ⅰ) 自旋=0

(ⅱ) 自旋=1　　　　　　　　(ⅲ) 自旋=2

图5.1

　　宇宙间所有已知的粒子可以分成两组：自旋为二分之一的
粒子，它们组成宇宙中的物质；自旋为0、1和2的粒子，正如我

们将要看到的，它们在物质粒子之间产生力。物质粒子服从所谓的泡利不相容原理。这是奥地利物理学家沃尔夫冈·泡利于1925年发现的，他因此而获得1945年的诺贝尔奖。他是一位典型的理论物理学家：关于他有这样的传说，他的存在甚至会使同一城市里的实验出错！泡利不相容原理是说，两个类似的粒子不能存在于相同的态中，也就是说，在不确定性原理给出的限制下，它们不能同时具有相同的位置和速度。不相容原理非常关键，因为它解释了为何物质粒子，在自旋为 0、1和 2的粒子产生的力的影响下，不会坍缩成密度非常高的状态的原因：如果物质粒子几乎处在相同的位置，则它们就必须有不同的速度，这意味着它们不会长时间停留在相同的位置。如果世界在没有不相容原理的情形下创生，夸克将不会形成分离的很好定义的质子和中子，进而这些也不可能与电子形成分离的很好定义的原子。它们全部都会坍缩形成大致均匀的稠密的"汤"。

直到保罗·狄拉克在1928年提出一个理论，人们才对电子和其它自旋二分之一的粒子有了正确的理解。狄拉克后来被选为剑桥的卢卡斯数学教授（牛顿曾经担任这一教席，目前我担任这一职务）。狄拉克的理论是第一种既和量子力学又和狭义相对论相协调的理论。它在数学上解释了为何电子具有二分之一的自旋，即为什么将其转一整圈不能，而转两整圈才能使它显得和不转一样。它还预言了电子必须拥有它的配偶 — 反电子或正电子。1932年正电子的发现证实了狄拉克的理论，他因此获得了1933年的诺贝尔奖。现在我们知道，任何粒子都有会和它相湮灭的反粒子。（在携带力粒子的情形，反粒子即为粒子自身。)也可能存在由反粒子构成的整个反世界和反人。不过如果你遇到反你，千万不要握手！否则，你们俩都会在一个巨大的闪光中消失殆尽。至于为何在我们四周似乎粒子比反粒子存在得多得多，是一个极端重要的问题，我将会在本章的后部分回到这个问题上来。

在量子力学中，所有物质粒子之间的力或相互作用都认为是由自旋为整数0、1或2的粒子携带的。所发生的是，物质粒子——譬如电子或夸克——发出携带力的粒子。这个发射引起的反弹，改变了物质粒子的速度。然后携带力的粒子和另一个物质粒子碰撞并且被吸收。这碰撞改变了第二个粒子的速度，正如同这两个物质粒子之间存在过一个力。携带力的粒子不服从泡利不相容原理，这是它们的一个重要的性质。这表明它们能被交换的数目不受限制，这样它们就可能引起很强的力。然而，如果携带力的粒子具有很大的质量，则在大距离上产生和交换它们就会很困难。这样，它们所携带的力就只能是短程的。另一方面，如果携带力的粒子本身质量为零，力就是长程的了。因为在物质粒子之间交换的携带力的粒子，不像"实"粒子那样可以用粒子探测器检测到，所以称为虚粒子。然而，因为它们具有可测量的效应，即它们引起了物质粒子之间的力，所以我们知道它们存在。自旋为0、1或2的粒子在某些情况下也可作为实粒子存在，这时它们可以被直接探测到。对我们而言，此刻它们就呈现出经典物理学家称为的波动，例如光波和引力波的东西。当物质粒子以交换携带力的虚粒子的形式而相互作用时，它们有时可以被发射出来。(例如，两个电子之间的电排斥力就是由于交换虚光子所致，这些虚光子永远不可能被直接检测出来；不过，如果一个电子从另一个电子边上穿过，则可以放出实光子，它作为光波而被我们探测到。）

　　携带力的粒子按照其强度以及与其相互作用的粒子可以分成四个种类。必须强调指出，这种将力划分成四种是人为的；它仅仅是为了便于建立部分理论，而并不别具深意。大部分物理学家希望最终找到一个统一理论，该理论将所有四种力解释为一个单独的力的不同方面。确实，许多人认为这是当代物理学的首要目标。最近，将四种力中的三种统一起来已经有了成功的端倪——我将在这一章描述这些内容。而关于统一余下的另一种力即引力的问题，我们将留待以后。

　　第一种力是引力。这种力是万有的，也就是说，每一个粒子都因它的质量或能量而感受到引力。引力比其它三种力都弱得多得多。它是如此之微弱，若不拥有两个特别的性质我们根本就觉察不到它：它能作用到大距离去，以及它总是吸引的。这意味着，在像地球和太阳这样两个巨大的物体中，单独粒子之间的非常弱的引力能叠加起来而产生相当大的力量。而其它三种力要么是短程的，要么时而吸引时而排斥，所以它们倾向于相互抵消。以量子力学的方式看待引力场，两个物质粒子之间的力被描述成由自旋为 2 的称为引力子的粒子携带。它自身没有质量，所以它携带的力是长程的。太阳和地球之间的引力被归结为构成这两个物体的粒子之间的引力子的交换。尽管所交换的粒子是虚的，它们肯定产生了可测量的效应——它们使地球围绕着太阳公转！实引力子构成了经典物理学家称为引力波的东西，它是非常微弱 — 并且要探测到它是如此之难，甚至迄今还未被观测到[1]。

　　另一种力是电磁力。它作用于带电荷的粒子（例如电子和夸克）之间，但不和不带电荷的粒子（例如引力子）相互作用。它比引力强得多：两个电子之间的电磁力比引力大约强一百亿亿亿亿亿亿（在1后面有42个0）倍。然而，存在两种电荷 — 正电荷和负电荷。同种电荷之间的力是相互排斥的，而异种电荷之间的力则是相互吸引的。一个大的物体，譬如地球或太阳，包含了几乎等量的正电荷和负电荷。这样，由于单独粒子之间的吸引力和排斥力几乎全被抵消了，因此两个物体之间的净的电磁力非常小。然而，电磁力在原子和分子的小尺度下起主要作用。在带负电的电子和核中的带正电的质子之间的电磁力使得电子围绕着原子核公转，正如同引力使得地球围绕着太阳公转一样。人们将电磁吸引力描绘成是由于交换大量称作光子的无质量的自旋为1的虚粒子引起的。重复一下，这里交换的光子是虚粒子。然而，电子从一个允许轨道转变到另一个离核较近的允许轨道时，释放能量并且发射出实光子 — 如果其波长适当，则作为可见光可被肉眼观察到，或可被诸如照相底版的光子探测器观察到。同样，如果一个光子和原子相碰撞，可将电子从离核较近的允许轨道移动到较远的轨道。这样光子的能量被消耗掉，它也就被吸收了。

---

1. 引力波于2016年被NASA探测到了。—— 编者注

　　第三种力称为弱核力。它负责放射性现象，并只作用于自旋为二分之一的所有物质粒子，而对诸如光子、引力子等自旋为0、1或2的粒子不起作用。直到1967年伦敦帝国学院的阿伯达斯·萨拉姆和哈佛的史蒂芬·温伯格提出了弱核作用和电磁作用的统一理论后，弱核作用才被很好地理解。此举在物理学界所引起的震动，可与大约100年前麦克斯韦统一电学和磁学相提并论。他们提出，除了光子，还存在其它3种自旋为1的被统称作重矢量玻色子的粒子，它们携带弱力。它们被称作$W^+$（念做W正），$W^-$（念做W负）和$Z^0$（念做Z零），每种粒子都具有大约一百吉电子伏的质量（一吉电子伏为十亿电子伏）。温伯格−萨拉姆理论展现了称作对称性自发破缺的性质。这意味着，在低能量下一些看起来完全不同的粒子，事实上发现都只是处于不同态的同一种粒子。所有这些粒子在高能下行为都很类似。这个效应很像轮赌盘上的轮赌球的行为。在高能量下（当这轮子快速转动时），这球的行为基本上只有一个方式 — 即不断地滚动着。但是随着轮子缓慢下来，球的能量减小，球就最终陷到轮子上的37个槽的某一个里去。换言之，在低能下球可以在37种不同的状态下存在。如果由于某种原因，我们只能在低能下观测球，我们就会以为存在37种不同类型的球！

　　在温伯格−萨拉姆理论中，在能量远远超过一百吉电子伏时，三种新粒子都和光子的行为很相似。但是，在大多数正常的情形下，粒子能量较低，粒子之间的对称就被破坏了。$W^+$，$W^-$和$Z^0$得到了大的质量，使它们携带的力变成非常短程。萨拉姆和温伯格提出此理论时，很少人相信他们，因为粒子加速器还未强大到一百吉电子伏的能量，那是产生实的$W^+$，$W^-$和$Z^0$粒子所需要的。但在此后十几年间，该理论在低能下的其它预言很好地与实验相符，乃至他们与同在哈佛的谢尔登·格拉肖一起获得了1979年的诺贝尔物理学奖。格拉肖提出过一个类似的统一电磁和弱核作用的理论。由于1983年在CERN（欧洲核子研究中心）发现了光子的三个有质量的伴侣，它们具有被正确预言的质量和其它性质，使得诺贝尔委员会避免了犯错误的难堪。卡罗·鲁比亚领导几百名物理学家作出此发现，CERN工程师西蒙·范德·米尔开发了该实验使用的反物质储藏系统，他们分享了1984年的诺贝尔奖。（除非你已经是巅峰人物，当今要在实验物理学上留下痕迹极其困难！）

第四种力是强核力。它将质子和中子中的夸克束缚在一起，并将原子核中的质子和中子束缚在一起。人们相信，称为胶子的另一种自旋为1的粒子携带强作用力，它只与自身以及与夸克相互作用。强核力具有一种称为禁闭的古怪性质：它总是把粒子束缚成不带颜色的结合体。由于夸克有颜色（红、绿或蓝），我们不能拥有单独的夸克自身。相反地，一个红夸克必须用"一串"胶子和一个绿夸克以及一个蓝夸克联合在一起（红+绿+蓝=白）。这样的三胞胎构成了一个质子或中子。其它的可能性是由一个夸克和一个反夸克组成的对（红+反红，或绿+反绿，或蓝+反蓝=白）。这样的结合体构成了称为介子的粒子。介子是不稳定的，因为夸克和反夸克会相互湮灭，而产生电子和其它粒子。类似地，由于胶子也有颜色，色禁闭使得我们不可能得到单独的胶子自身。相反地，我们只能拥有胶子的团，其叠加起来的颜色必须是白的。这样的团形成了称为胶球的不稳定粒子。

　　色禁闭使得我们观察不到一个孤立的夸克或胶子,这事实使得将夸克和胶子当做粒子的整个见解似乎有点玄学的味道。然而,强核力还有一种称作渐近自由的性质,它使得夸克和胶子成为意义明确的概念。在正常能量下,强核力确实很强,它将夸克紧紧地捆在一起。但是,大型粒子加速器的实验指出,强作用力在高能量下变得弱得多,夸克和胶子就几乎像自由粒子那样行为。图5.2是一张显示在一个高能质子和一个高能反质子之间碰撞的照片。

图5.2　一个质子和一个反质子在高能下碰撞,产生了一对几乎自由的夸克

　　统一电磁力和弱核力的成功,使人们多次试图将这两种力和强核力合并在所谓的大统一理论(或GUT)之中。这名字相当夸张:得到的理论并不那么辉煌,也没能将全部力都统一进

去，因为它并不包含引力。因为它们包含了许多不能从这理论中预言而必须人为选择去适合实验的参数，它们也非真正完备的理论。尽管如此，它们可能是朝着完备的统一理论推进的一步。GUT的基本思想是这样：正如前面提到的，在高能量下强核力变弱了；另一方面，不是渐近自由的电磁力和弱力在高能量下变强了。在某个非常高的叫作大统一能量的能量下，这三种力都具有同样的强度，并因此可看成一个单独的力的不同方面。在这能量下，GUT还预言了自旋为二分之一的不同物质粒子（如夸克和电子）也会在根本上都变成一样，这样导致了另一种统一。

大统一能量的数值还知道得不太清楚，可能至少有一千万亿吉电子伏特。而目前粒子加速器只能使大致能量为一百吉电子伏的粒子相碰撞，而计划建造的机器的能量可升到几千吉电子伏。要建造足以将粒子加速到大统一能量的机器，其体积必须和太阳系一样大——这在现代经济环境下不太可能得到资助。因此，不可能在实验室里直接检验大统一理论。然而，如同在弱电统一理论中那样，我们可以检验它在低能量下的推论。

其中最有趣的预言是，构成通常物质大部分质量的质子能够自发衰变成诸如反电子之类较轻的粒子。之所以可能，其原因在于，在大统一能量下，夸克和反电子之间没有本质的不同。在正常情况下，一个质子中的三个夸克没有足够能量转变成反电子，由于不确定性原理意味着，质子中夸克的能量不可能严格不变，其中一个夸克会非常偶然地获得足够能量进行这种转变。这样质子就要衰变。夸克要得到足够能量的概率是如此之低，至少要等待一百万亿亿亿（1后面跟30个0）年才能有一次。这比宇宙从大爆炸以来的年龄，大约一百亿（1后面跟10个0）年要长得多了。因此，人们会认为不可能在实验上检测到质子自发衰变的可能性。然而，我们可以观察包含极大数量质子的大量物质，以增加检测衰变的机会（譬如，如果观测1后面跟31个0个质子，那么按照最简单的GUT，可以预料在一年内应能看到多于一次的质子衰变）。

　　人们进行了一系列这类实验，可惜没有得到任何质子或中子衰变的确实证据。有一个实验是在俄亥俄州的莫尔顿盐矿里进行的（为了避免其它因宇宙射线引起的会和质子衰变相混淆的事件发生），用了八千吨水。由于在实验中没有观测到质子的自发衰变，因此可以估算出，可能的质子寿命至少应为一千万亿亿亿（1后面跟31个0）年。这比简单的大统一理论所预言的寿命更长。然而，一些更复杂的大统一理论预言的寿命比这还要长，因此还需要用更灵敏的手段对甚至更大量的物质进行检验。

　　尽管观测质子的自发衰变非常困难，但很可能正由于这相反的过程，即质子，或更简单地说，夸克的产生导致了我们本身的存在。那是从夸克并不比反夸克更多的的初始状态产生的，而这种状态是可以想象的宇宙开初的最自然的方式。地球上的物质主要是由质子和中子，进而是由夸克构成的。除了少数由物理学家在大型粒子加速器中产生的以外，不存在由反夸克构成的反质子和反中子。我们从宇宙线中得到的证据表明，我们星系中的所有物质也是这样：除了少数当粒子和反粒子对进行高能碰撞时产生的以外，没有发现反质子和反中子。如果在我们星系中有很大区域的反物质，则可以预料，在正反物质的边界会观测到大量的辐射，许多粒子就会在那里和它们的反粒子相碰撞、相互湮灭并释放出高能辐射。

我们没有直接的证据，表明其它星系中的物质是由质子、中子还是由反质子、反中子构成，但两者必居其一，在单一的星系中不能有混合，否则我们又会观察到大量由湮灭产生的辐射。因此，我们相信，所有的星系是由夸克而不是反夸克构成；看来，一些星系为物质，而另一些星系为反物质也是难以置信的。

为什么夸克应比反夸克多这么多？为何它们的数目不相等？这数目有所不同肯定使我们交了好运，否则在早期宇宙中它们势必早已相互湮灭了，只余下一个充满辐射而几乎没有物质的宇宙。因此，后来也就不会有人类生命赖以发展的星系、恒星和行星。庆幸的是，大统一理论可以解释，尽管甚至刚开始时两者数量相等，为何在现在宇宙中夸克比反夸克多。正如我们已经看到的，大统一理论允许夸克变成高能下的反电子。它们也允许相反的过程，反夸克变成电子，电子和反电子变成反夸克和夸克。在极早期宇宙中有一时期是如此之热，粒子能量高到足以发生这些转变。但是，那为何使夸克比反夸克多呢？原因在于，物理定律对于粒子和反粒子不是完全相同的。

　　直到1956年人们都相信，物理定律分别服从三个叫作C、P和T的对称。C（电荷）对称的意义是，定律对于粒子和反粒子是相同的；P（宇称）对称的意义是，定律对于任何情景与其镜像（右手方向自旋的粒子的镜像变成了左手方向自旋的粒子）是相同的；T（时间）对称的意义是，如果你颠倒所有粒子和反粒子的运动方向，系统应回到早先的那样；换言之，定律对于前进或后退的时间方向是一样的。1956年，两位美国物理学家李政道和杨振宁提出弱力实际上不服从P对称。换言之，弱力使得宇宙和宇宙的镜像以不同的方式发展。同一年，他们的一位同事吴健雄证明了他们的预言是正确的。她把放射性原子的核排列在磁场中，使它们的自旋方向都一致。实验表明，在一个方向比另一方向发射出更多的电子。次年，李和杨因此而获得诺贝尔奖。人们还发现弱作用不服从C对称，即是说，它使得由反粒子构成的宇宙以和我们的宇宙不同的方式行为。尽管如此，弱力似乎确实服从CP联合对称。也就是说，如果每个粒子都用其反粒子来取代，则由此构成的宇宙的镜像和原来的宇宙以同样的方式发展！然而，1964年，还是两个美国人 — J·W·克罗宁和瓦尔·费兹 — 发现，在某种称为K介子的衰变中，甚至连CP对称也不服从。1980年，克罗宁和费兹最终由于他们的研究而获得诺贝尔奖。（很多奖是因为显示宇宙不像我们曾经想象的那么简单而授予的！）

　　有一个数学定理说，任何服从量子力学和相对论的理论必须总是服从CPT联合对称。换言之，如果同时用反粒子来置换粒子，取镜像，还有时间反演，则宇宙的行为必须是一样的。但是，克罗宁和费兹指出，如果仅仅用反粒子来取代粒子，并且采用镜像，但不反演时间方向，则宇宙的行为不相同。所以，如果我们反演时间方向，物理学定律必须改变——它们不服从T对称。

早期宇宙肯定是不服从T对称的：随着时间前进，宇宙膨胀——如果它往后倒退，则宇宙收缩。而且，由于存在着不服从T对称的力，因此当宇宙膨胀时，相对于将电子变成反夸克，这些力将更多的反电子变成夸克。然后，随着宇宙膨胀并冷却下来，反夸克就和夸克湮灭，已有的夸克比反夸克多，少量过剩的夸克就留了下来。正是这些夸克构成我们今天看到的物质，由这些物质构成了我们自身。这样，我们自身之存在可认为是大统一理论的证实，哪怕仅仅是定性的而已；但此预言的不确定性到了这种程度，以至于我们不能预言在湮灭之后余下的夸克数目，甚至不知是夸克还是反夸克余下。（然而，如果是反夸克多余留下，我们可以简单地就把反夸克称为夸克，夸克称为反夸克。）

大统一理论不包括引力。在我们处理基本粒子或原子问题时与这关系不大，因为引力是如此之微弱，通常可以忽略它的效应。然而，它的作用既是长程的，又总是吸引的事实，表明它的所有效应是叠加的。所以，对于足够大量的物质粒子，引力会比其它所有的力都更重要。这就是为什么正是引力决定了宇宙的演化的缘故。甚至对于恒星大小的天体，引力的吸引力会超过所有其它的力，并使恒星坍缩。我在20世纪70年代的工作便是集中于研究黑洞。黑洞就是由这种恒星的坍缩和围绕它们的强大的引力场产生的。正是黑洞研究给出了量子力学和广义相对论如何相互影响的第一个线索 —— 亦即尚未成功的量子引力论形态的一瞥。

# 第 6 章
## 黑洞

　　黑洞这一术语是非常近代才出现的。为了形象描述至少可回溯到两百年前的一个思想，1969 年，美国科学家约翰·惠勒杜撰了这个术语。那时共存在两种光的理论：一种是牛顿赞成的光的微粒说；另一种是光的波动说。我们现在知道，实际上这两者都是正确的。由于量子力学的波粒对偶性，光既可认为是波，也可认为是粒子。在光的波动说中，光如何响应引力非常不清楚。但是如果光是由粒子组成的，人们可以预料，它们正如同炮弹、火箭和行星那样受引力的影响。起先人们以为，光粒子无限快地运动，所以引力不可能使之缓慢下来，但是罗默关于光速有限的发现意味着，引力对之可有重要的效应。

　　1783 年，在这个假定的基础上，剑桥的学监约翰·米歇尔在《伦敦皇家学会哲学学报》上发表了一篇文章。他指出，一个质量足够大并足够致密的恒星会拥有如此强大的引力场，甚至连光线都不能从它逃逸：任何从该恒星表面发出的光，在还未到达非常远的地方之前，就会被恒星的引力拖回来。米歇尔提出，可能存在大量这样的恒星，虽然由于从它们那里发出的光不会到达我们这里，所以我们不能看到它们；但是我们仍然可以感受到它们引力的吸引。这正是我们现在称为黑洞的天体。它是名副其实的 —— 在空间中的黑的空洞。几年之后，法国科学家拉普拉斯侯爵显然独立地提出了和米歇尔类似的观念。非常有趣的是，拉普拉斯只将此观点纳入他的《世界系统》一书的第一版和第二版中，而在以后的版本中都将其删去；也许他认为这是一个疯狂的观念。（还有，光的微粒说在19世纪变得不时髦了；似乎一切都可以以波动理论来解释，而按照波动理论，不清楚光究竟是否受到引力的影响。）

事实上，因为光速是固定的，所以在牛顿引力论中对光进行类似炮弹那样的处理就不很协调。（从地面发射上天的炮弹被引力减速，最后停止上升并折回地面；然而，一个光子必须以不变的速度继续向上，那么，牛顿引力如何影响光呢？）直到1915年爱因斯坦提出了广义相对论，才得到引力如何影响光的协调理论。甚至又过了很长时间，人们才理解这个理论对大质量恒星的含意。

为了理解黑洞可能如何形成，我们首先需要理解恒星的生命周期。起初，大量的气体（绝大部分为氢）受自身的引力吸引，而开始向自身坍缩而形成恒星。当它收缩时，气体原子越来越频繁地以越来越大的速度相互碰撞 —— 气体的温度上升。最后，气体变得如此之热，以至于当氢原子碰撞时，它们不再弹开而是聚合形成氦。如同一个受控的氢弹爆炸，正是反应中释放出来的热使得恒星发光。这附加的热又使气体的压力升高，直到它足以平衡引力的吸引，这时气体停止收缩。这有一点像气球——内部气压试图使气球膨胀，橡皮的张力试图使气球收缩，它们之间存在一个平衡。从核反应发出的热和引力吸引的平衡，使恒星在很长时间内维持这种平衡（见图6.2中的"主序星"）。然而，恒星最终会耗尽它的氢和其它核燃料。自相矛盾的是，恒星初始的燃料越多，它被燃尽得越快。这是因为恒星的质量越大，它就必须越热才足以抵抗引力。而它越热，它的燃料就被耗得越快。我们的太阳也许足够再燃烧50多亿年左右，但是对于质量更大的恒星，其燃料可以在1亿年这么短的时间内就被耗尽，这个时间尺度比宇宙的年龄短得多了。当恒星耗尽了燃料，它就开始变冷并收缩。直到20世纪20年代末人们才首次理解随后会发生的情况。

　　1928年，一位印度研究生——萨拉玛尼安·钱德拉塞卡——乘船来英国剑桥跟英国天文学家兼广义相对论家阿瑟·爱丁顿爵士学习。（据记载，在20世纪20年代初，有一位记者告诉爱丁顿，听说世界上只有三个人能理解广义相对论。爱丁顿停顿了一下，然后回答："我正在想这第三个人是谁？"）在从印度来英国的旅途中，钱德拉塞卡算出了在耗尽所有燃料之后，多大的恒星仍然可以对抗自己的引力而维持本身。这个思想是说：当恒星变小时，物质粒子相互靠得非常近，而按照泡利不相容原理，它们必须有非常不同的速度。这使得它们相互散开并企图使恒星膨胀。因此，一颗恒星可因引力的吸引和不相容原理引起的排斥之间达到的平衡，而保持其半径不变，正如同在它的生命早期引力被热平衡一样。

然而，钱德拉塞卡意识到，不相容原理所能提供的排斥力有一个极限。相对论把恒星中的粒子的最大速度差限制为光速。这意味着，当恒星变得足够密集之时，由不相容原理引起的排斥力就会比引力的作用小。钱德拉塞卡计算出，一个质量大约比太阳质量的一倍半多的冷恒星本身无法抵抗自己的引力。（这质量现在称为钱德拉塞卡极限。）苏联科学家列夫·达维多维奇·朗道差不多同时获得类似的发现。

这对大质量恒星的最终归宿具有重大的意义。如果一颗恒星的质量比钱德拉塞卡极限小，它最后会停止收缩，并且变成一种可能的终态—"白矮星"。白矮星的半径为几千英里，密度为每立方英寸几百吨。白矮星是由它物质中电子之间的不相容原理排斥力支持的。我们观测到大量这样的白矮星。围绕着天狼星转动的那个就是最早被发现的白矮星之一，天狼星是夜空中最亮的恒星。

朗道指出，恒星还存在另一种可能的终态。其极限质量大约也为太阳质量的一倍或二倍，但是其体积甚至比白矮星还小得多。这些恒星是由中子和质子之间，而不是电子之间的不相容原理排斥力支持的，所以它们叫作中子星。它们的半径只有10英里左右，而密度为每立方英寸几亿吨。在第一次预言中子星时，没有任何方法去观察它。实际上，很久以后，它们才被探测到。

另一方面，质量比钱德拉塞卡极限还大的恒星在耗尽其燃料时，会出现一个很大的问题。在某种情形下，它们会爆炸或设法抛出足够的物质，使它们的质量减小到极限之下，以避免灾难性的引力坍缩。但是很难令人相信，不管恒星有多大，这总会发生。怎么知道它一定损失重量呢？即使每个恒星都设法失去足够多的质量以避免坍缩，如果你把更多的质量加在白矮星或中子星上，使之超过极限，将会发生什么？它会坍缩到无限密度吗？爱丁顿对此隐含的后果感到震惊，他拒绝相信钱德拉塞卡的结果。爱丁顿认为，一颗恒星根本不可能坍缩成一点。这是大多数科学家的观点：爱因斯坦自己写了一篇论文，宣布恒星的体积不会收缩为零。其他科学家，尤其是他以前的老师，恒星结构的主要权威 — 爱丁顿的敌意使钱德拉塞卡放弃了这方面的工作，而转去研究诸如恒星团运动等其它天文学问题。然而，他之所以获得1983年诺贝尔奖，至少部分原因在于他早年所做的关于冷恒星的质量极限的工作。

钱德拉塞卡证明，不相容原理不能够阻止质量大于钱德拉塞卡极限的恒星发生坍缩。但是，根据广义相对论，这样的恒星会发生什么情况呢？1939年一位美国的年轻人罗伯特·奥本海默首次解决了这个问题。然而，他所获得的结果表明，用当时的望远镜去检测不会有任何观测结果。随后，第二次世界大战爆发，而奥本海默本人深深地卷入原子弹研制项目。战后，由于大部分科学家过于关注到原子和原子核尺度的物理，因而引力坍缩的问题就被遗忘了。但在20世纪60年代，现代技术的应用大大增加天文观测范围和数量，人们对天文学和宇宙学的大尺度问题的兴趣又被重新激起。一些人重新发现并推广了奥本海默的研究。

现在，我们从奥本海默的研究中得到这样的一幅图像：恒星的引力场改变了光线在时空中的路径，使之与如果没有恒星情况下的路径不同。光锥是表示闪光从其顶端发出后在时空中传播的路径。光锥在恒星表面附近稍微向内弯折。在日食时观察从遥远恒星发出的光线，可以看到这种偏折现象。随着恒星收缩，其表面的引力场变得更强大，而光锥就向内偏折得更甚。这使得光线从恒星逃逸变得更为困难，对于远处的观察者而言，光线变得更黯淡更红。最后，当恒星收缩到某一临界半径时，表面上的引力场变得如此之强，使得光锥向内偏折得这么厉害，以至于光线再也逃逸不出去（图6.1）。根据相对论，没有东西能

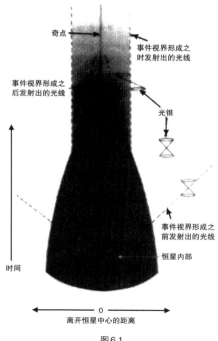

图6.1

行进得比光还快。这样，如果光都逃逸不出来，其它东西更不可能；所有东西都会被引力场拉回去。这样，存在一个事件的集合或时空区域，不可能从该区域逃逸而到达远处的观察者。这就是现在我们称作黑洞的区域，它的边界被称作事件视界，而它和刚好不能从黑洞逃逸的光线的路径相重合。

如果你正在看着一个恒星坍缩并形成黑洞，为了理解所看到的情况，切记在相对论中没有绝对时间。每个观测者都有自己的时间测量。由于恒星的引力场，在恒星上某人的时间和在远处某人的时间不同。假定在正在坍缩的恒星表面有一无畏的航天员和恒星一起向内坍缩。他按照自己的手表，每一秒钟发一信号到一个围绕着该恒星公转的航天飞船上去。在他手表的某一时刻，譬如11点钟，恒星刚好收缩到它的临界半径以下，此时引力场强大到没有任何东西可以逃逸出去，他的信号再也不能传到航天飞船了。随着11点趋近，他的从航天飞船上观看的伙伴会发现，从该航天员发来的一串信号的时间间隔越变越长。但是这个效应在10点59分59秒之前是非常微小的。在收到10点59分58秒和10点59分59秒发出的两个信号之间，他们只需等待比1秒钟稍长一点的时间，然而他们必须为11点发出的信号等待无限长的时间。按照航天员的手表，在10点59分59秒和11点之间由恒星表面发出的光波，从航天飞船上看，被散开到无限长的时间间隔里。在航天飞船上，这一串光波来临的时间间隔变得越来越长，所以从恒星来的光显得越来越红、越来越淡。最后，该恒星变得如此之朦胧，以至于从航天飞船上再也看不见它：所余下的一切只是太空中的一个黑洞。不过，此恒星继续以同样的引力作用到航天飞船上，使飞船继续围绕着形成的黑洞公转。但是由于以下的问题，上述场景不完全是现实。一个人离开恒星越远则引力越弱，所以作用在这位无畏的航天员脚上的引力总比作用到他头上的大。在恒星还未收缩到临界半径而形成事件视界之前，这力的差别就足以将我们的航天员拉成像意大利面条那样，甚至将他拉断！然而，我们相信，在宇宙中存在大得多的天体，譬如星系的中心区域也能遭受引力坍缩而产生黑洞；一位在这样的天体上面的航天员在黑洞形成之前不会被拉断。事实上，当他到达临界半径时，不会有任何异样的感觉，甚至在通过那不可回返的一点时，都没注意到它。然而，随着这区域继续坍缩，只要在几个钟头之内，作用到他头上和脚上的引力之差会变得如此之大，以至于再次把他拉断。

罗杰·彭罗斯和我在1965年和1970年间的研究指出，根据广义相对论，在黑洞中必然存在密度和时空曲率无限大的奇点。这和时间开端时的大爆炸相当类似，只不过它是一个坍缩天体和航天员的时间终点而已。在此奇点，科学定律和我们预言将来的能力都崩溃了。然而，任何留在黑洞之外的观察者，将不会受到可预见性失效的影响，因为从奇点出发的，不管是光还是任何其它信号，都不能到达他那儿。这个非凡的事实导致罗杰·彭罗斯提出了宇宙监督假想，它可以被意译为："上帝憎恶裸奇点"。换言之，由引力坍缩所产生的奇点只能发生在像黑洞这样的地方，它在那里被事件视界体面地遮住，而不被外界看见。严格地讲，这就是所谓弱的宇宙监督假想：它使留在黑洞外面的观察者不致于受到发生在奇点处的可预见性崩溃的影响，但它对那位不幸落到黑洞里的可怜的航天员却是爱莫能助。

广义相对论方程存在一些解，我们的航天员在这些解中可能看到裸奇点：他也许能够避免撞到奇点上去，相反地穿过一个"虫洞"并从宇宙的另一区域出来。看来这给在空间和时间内的旅行提供了伟大的可能性。但是不幸的是，所有这些解似乎都是非常不稳定的；最小的干扰，譬如一个航天员的存在就会使之改变，以至于他还没能看到此奇点，就撞上去而终结了他的时间。换言之，奇点总发生在他的将来，而绝不会发生在他的过去。宇宙监督假想强的版本是说，在一个现实的解里，奇点总是要么整个存在于将来（如引力坍缩的奇点），要么整个存在于过去（如大爆炸）。我强烈地相信宇宙监督，这样我就和加州理工学院的基帕·索恩和约翰·普勒斯基尔打赌，认为它总是成立的。由于找到了一些解的例子，在非常远处可以看得见其奇点，所以我在技术的层面上输了。这样，我必须遵照协约还清赌债，也就是必须把他们的裸露遮盖住。但是我可以宣布道义上的胜利。这些裸奇点是不稳定的：最小的干扰就会导致这些奇点消失，或者躲到事件视界后面去。所以在实际情形下，它们不会发生。

事件视界，也就是时空中不可逃逸区域的边界，其行为犹如围绕着黑洞的单向膜：物体，譬如不谨慎的航天员，能通过事件视界落到黑洞里去，但没有任何东西可以通过事件视界逃离黑洞。（记住，事件视界是企图逃离黑洞的光在时空中的路径，而没有任何东西可以比光行进得更快。）我们可以将诗人但丁针对地狱入口所说的话恰到好处地应用于事件视界："从这里进去的人必须抛弃一切希望。"任何东西或任何人，一旦进入事件视界，就会很快地到达无限致密的区域和时间的终点。

广义相对论预言，运动的重物会导致引力波的辐射，那是以光的速度旅行的空间曲率的涟漪。引力波类似电磁场的涟漪——光波，但要探测到它却困难得多。引力波引起邻近自由落体之间距离的非常微小的变化，由此才能观察到它。在美国、欧洲和日本正在建造一些检测器，它们将把10英里距离的十万亿亿（1后面跟21个0）分之一的位移，或者把比一个原子核还小的位移测量下来。

就像光一样，引力波带走了发射它们的天体的能量。因为任何运动中的能量都会被引力波的辐射带走，所以可以预料，一个大质量天体的系统最终会趋向于一种不变的状态（这和扔一块软木到水中的情况相当类似：起先翻上翻下折腾了好一阵，但是随着涟漪将其能量带走，它最终平静下来）。例如，围绕着太阳公转的地球的运动即产生引力波。其能量损失的效应就要改变地球的轨道，使之逐渐越来越接近太阳，最后撞到太阳上，归于一种平稳的状态。在地球和太阳的情形下，能量损失率非常小——大约只够点燃一台小电热器。这意味着要用大约一千亿亿亿年地球才会撞到太阳上，没有必要立即为之担忧！地球轨道改变极其缓慢，根本观测不到。但在过去的几年间，在称为PSR 1913+16（PSR表示"脉冲星"，一种特别的发射出射电波规则脉冲的中子星）的系统中观测到这同一效应。此系统由两个相互围绕着公转的中子星组成，由于引力波辐射，它们的能量损失，使它们各沿着螺旋线轨道相互靠近。J.H.泰勒和R.A.赫尔斯由于对广义相对论的这一证实获得1993年的诺贝尔奖。大约三亿年后它们将会碰撞。它们在碰撞之前，将会公转得这么快速，发射出的引力波足以让像LIGO这样的检测器接收到。

在恒星引力坍缩形成黑洞时，运动会快得多，这样携带走能量的速率就会高得多。因此不用太长的时间就会达到不变的状态。这最终的状态将会是怎样的呢？人们会以为，它将依赖于形成黑洞的恒星的所有复杂特征——不仅它的质量和转动速度，还有恒星不同部分的不同密度以及恒星内气体的复杂运动。倘若黑洞就像坍缩形成它们的原先天体那样变化多端，那么一般而言，对黑洞作任何预言都将会非常困难。

然而，1967年加拿大科学家沃纳·伊斯雷尔（他生于柏林，在南非长大，在爱尔兰得到博士学位）变革了黑洞的研究。伊斯雷尔指出，根据广义相对论，非旋转的黑洞必须是非常简单的；它们是完美的球形，其大小只依赖于它们的质量，并且任何两个这样的同质量的黑洞必须全等。事实上，它们可以用爱因斯坦方程的特解来描述，这个解是卡尔·施瓦兹席尔德在广义相对论发现后不久的1917年发现的。起初许多人，其中包括伊斯雷尔本人，认为既然黑洞必须是完美的球形，一个黑洞只能由一个完美球形天体坍缩形成。因此，任何实际的恒星——从来都不是完美的球形——只会坍缩形成一个裸奇点。

　　然而，对于伊斯雷尔的结果，一些人，特别是罗杰·彭罗斯和约翰·惠勒提倡一种不同的解释。他们论证道，牵涉恒星坍缩的快速运动意味着，其释放出来的引力波使之越来越接近于球形，到它终结于静态的时刻，就已经变成准确的球形。按照这种观点，任何非旋转恒星，不管其形状和内部结构如何复杂，在引力坍缩之后都将终结于一个完美的球形黑洞，其大小只依赖于它的质量。这种观点得到进一步计算的支持，并且很快就被大家接受。

　　伊斯雷尔的结果只处理了由非旋转天体形成的黑洞。1963年，新西兰人罗伊·克尔找到了广义相对论方程的描述旋转黑洞的一组解。这些"克尔"黑洞以恒常速率旋转，其大小与形状只依赖于它们的质量和旋转的速度。如果旋转为零，黑洞就是完美的球形，这个解就和施瓦兹席尔德的解一样。如果旋转不为零，黑洞在赤道附近就会鼓出去（正如地球或太阳由于旋转而鼓出去一样），而旋转得越快，就越鼓得厉害。由此人们猜测，如果将伊斯雷尔的结果推广到包括旋转天体的情形，则任何旋转天体坍缩形成黑洞后，都将最后终结于由克尔解描述的一个不变的状态。

　　1970年，我在剑桥的一位同事和研究生同学布兰登·卡特为证明此猜测跨出了第一步。他指出，假定一个静态的旋转黑洞，正如一个自旋的陀螺那样，有一个对称轴，则它的大小和形状，只由它的质量和旋转速率决定。1971年，我接着证明了，任何静态的旋转黑洞确实拥有这样的一个对称轴。1973年，在伦敦国王学院任教的大卫·罗宾逊利用卡特和我的结果，最后证明了这猜测是对的：这样的黑洞确实必须是克尔解。这样，在引力坍缩之后，一个黑洞必须最终演变成一种能够旋转，但是不能搏动的态。此外，它的大小和形状，只决定于它的质量和旋转速率，而与坍缩形成黑洞的原先天体的性质无关。这个结果因如下格言而众所周知："黑洞没有毛。""无毛"定理具有巨大的实际重要性，因为它极大地限制了黑洞的可能类型。因此，人们可以制造可能包含黑洞的天体的详细模型，再将此模型的预言和观测相比较。因为在黑洞形成之后，我们所能测量的只是有关坍缩天体的质量和旋转速率，所以"无毛"定理还意味着，有关这天体的非常大量的信息，在黑洞形成时就丧失了。下一章我们将会理解这个意义。

黑洞是科学史上相当罕见的情形之一，在没有任何观测的证据说明其理论是正确的情形下，作为数学的模型被发展到淋漓尽致。的确，这经常是黑洞的反对者的主要论据：我们怎么能相信这样的天体，其仅有的证据是基于令人怀疑的广义相对论的计算呢？然而，1963年，加利福尼亚的帕罗玛天文台的天文学家马丁·施密特测量了在称为3C273（即是剑桥射电源编目第三类的273号）射电源方向的黯淡的类恒星的红移。他发现这红移太大了，不可能是由引力场引起的：如果它是引力红移，那么该天体的质量就必须大到，并且与我们近到干扰太阳系的行星轨道。相反地，这暗示着这红移是起因于宇宙的膨胀，进而表明该天体处于非常遥远的距离之外。由于在这么远的距离还能被观察到，该天体必须非常明亮，也就是必须辐射出大量的能量。

人们会想到可产生这么大能量的唯一机制看来不仅是一个恒星，而是一个星系的整个中心区域的引力坍缩。人们还发现了许多其它相似的"类星体"，它们都有很大的红移。但是它们都离开我们太远了，所以进行观察太困难了，不能为黑洞提供结论性的证据。

　　1967年，剑桥的一位研究生约瑟琳·贝尔·伯奈尔发现了天空发射出射电波规则脉冲的天体，这进一步鼓舞黑洞存在的观点。起初贝尔和她的导师安东尼·休伊什以为，他们可能和我们星系中的外星文明进行了接触！我清楚地记得在宣布发现的讨论会上，他们将这四个最早发现的源称为LGM1-LGM4，LGM表示"小绿人"（"Little Green Man"）的意思。然而，最终他们和其他所有人都得到了不那么浪漫的结论，这些被称为脉冲星的天体，事实上是旋转的中子星。因为它们的磁场和周围物质复杂地相互作用，所以发出射电波的脉冲。对于写太空探险的作者而言，这是个坏消息，但对于我们这些当时相信黑洞的少数人来说，却是非常大的希望 — 这是中子星存在的第一个证据。中子星的半径大约为十英里，只是恒星变成黑洞的临界半径的几倍。如果一个恒星能坍缩到这么小的尺度，预料其它恒星能坍缩到更小的尺度而成为黑洞，就是理所当然的了。

　　按照黑洞定义，它不能发出光，我们何以有望检测到它呢？这有点像在煤库里找黑猫。庆幸的是，有一种办法。正如约翰·米歇尔在1783年的先驱性的论文中指出，黑洞仍然将它的引力作用到周围的天体上。天文学家观测了许多系统，在这些系统中，两个恒星由于相互之间的引力吸引而相互围绕着公转。他们还观察到了这样的系统，其中只有一个可见的恒星围绕着另一个看不见的伴星公转。人们当然不能立即得出结论说，这伴星即为黑洞——它可能仅仅是一个黯淡得看不见的恒星而已。然而，这种系统中的一些，像名叫天鹅X-1的（图6.2）那样，也是强X射线源。对这现象的最好解释是，物质从可见星的表面被吹起来。当它落向不可见的伴星时，发展成螺旋状运动（这和水从浴缸流出很相似），并且变得非常热，发射出X射线（图6.3）。为了使这机制起作用，不可见天体必须非常小，像白矮星、中子星或黑洞那样。通过观测那颗可见星的轨道，人们可以确定不可见天体的最小的可能质量。在天鹅X-1的情形，这大约是太阳质量的6倍。按照钱德拉塞卡的结果，它的质量太大了，不可能是白矮星。它也不可能是中子星。因此，看来它只能是一个黑洞。

图6.2 在靠近照片中心的两个恒星之中最亮的那颗是天鹅X-1,被认为是由互相绕着旋转的一个黑洞和一个正常恒星组成

存在其它不包含黑洞的解释天鹅 X-1 的模型，但所有这些都相当牵强附会。看来黑洞是对该观测的仅有的真正自然的解释。尽管如此，我和加州理工学院的基帕·索恩打赌说，天鹅 X-1 不包含一个黑洞！这对我而言是一种保险的形式。我对黑洞作了许多研究，如果发现黑洞不存在，而这一切都成为徒劳。但在这种情形下，我将得到赢得打赌的安慰，他要给我订阅四年的《私家侦探》杂志。事实上，从我们打赌的 1975 年迄今，虽然天鹅 X-1 的情形并没有改变太多，现在却积累了这么多对黑洞有利的其它观测证据，我只好认输。我付了约定的赔偿，那就是给索恩订阅一年的《藏春阁》，这使他那开放的妻子相当恼火。

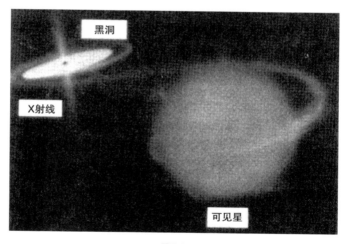

图 6.3

如今，在银河系和两个邻近的称为麦哲伦星云的星系中，我们发现了其它几个类似天鹅 X-1 系统中的黑洞的证据。然而，黑洞的数目几乎肯定要大得太多了，在宇宙的漫长历史中，很多恒星肯定烧尽了它们所有的核燃料并坍缩了。我们的星系本身大约总共有一千亿个可见恒星，黑洞的数目甚至可能比可见恒星的数目更多。这样巨大数量的黑洞的额外引力就能解释为何目前我们的星系以现有的速率转动：仅用可见恒星的质量不足以解释这一点。我们还有某些证据表明，在我们星系的中心有一个大得多的黑洞，其质量大约是太阳的十万倍。星系中的恒星若十分靠近这个黑洞，作用在它的近端和远端上的引力之差或潮汐力会将其撕开。它们的遗骸，以及从其它恒星摆脱的气体将落向该黑洞。正如在X-1的情形中那样，气体将以螺旋形轨道向里运动，并且被加热上去，虽然没有热到那种程度。它没有热到足以发出X射线，但是它可以用来解释在星系中心观测到的非常致密的射电波和红外线的源。

人们认为，在类星体的中心发生类似的，但质量更大的黑洞，其质量大约为太阳的一亿倍。例如，用哈勃望远镜对名叫M87的星系进行的观测揭示出，它含有直径一百三十光年的气体盘，该盘围绕着二十亿倍太阳质量的中心天体旋转。后者只能是一个黑洞。只有落入此超大黑洞的物质才能提供足够强大的能源，用以解释这些天体发射出的巨大能量。随着物质旋入黑洞，它将使黑洞往同一方向旋转，使黑洞产生一个磁场，这个磁场和地球的磁场颇为相像。落入的物质会在黑洞附近产生能量非常高的粒子。该磁场是如此之强，能将这些粒子聚焦成沿着黑洞旋转轴，即在它的北极和南极方向往外喷射的射流。在许多星系和类星体中确实观察到这类射流。人们还可以考虑也许存在着质量比太阳质量小很多的黑洞的可能性。因为它们的质量比钱德拉塞卡极限低，所以不能由引力坍缩产生：这么低质量的恒星，甚至在耗尽了自己的核燃料之后，还能支持自己对抗引力。只有当物质由非常巨大的外界压力压缩成极端紧密的状态时，才能形成小质量的黑洞。一个巨大的氢弹可提供这样的条件：物理学家约翰·惠勒曾经计算过，如果将世界海洋里所有的重水制成一个氢弹，则它可以将中心的物质压缩到产生一个黑洞。（当然，那时没有一个人能幸存下来观察它！）比较实在的一种可能性是：在极早期宇宙的高温和高压条件下可能产生这样小质量的黑洞。因为只有一个比平均值更紧密的小区域，才能以这样的方式被压缩形成一个黑洞，所以只有当早期宇宙不是完全光滑的和均匀时，才有可能形成黑洞。但是我们知道，早期宇宙一定存在一些无规性，否则现在宇宙中的物质分布仍然会是完全均匀的，而不能结块形成恒星和星系。

很清楚，为了解释恒星和星系的无规性是否导致形成相当数目的"太初"黑洞，依赖于在早期宇宙中的条件的细节。这样，如果我们能够确定现在有多少太初黑洞，我们就能对宇宙的极早期阶段了解很多。质量大于十亿吨（一座大山的质量）的太初黑洞，只有通过它们对其它可见物质或宇宙膨胀的影响才能被探测到。然而，正如我们将要在下一章看到的，黑洞毕竟不是真黑：它们像一个热体一样发热发光，它们越小则发热发光得越厉害。所以，自相矛盾的是，也许小的黑洞实际上可以比大的黑洞更容易被探测到！

# 第 7 章
# 黑洞不是这么黑的

在 1970 年以前，我关于广义相对论的研究，主要集中于是否存在过一个大爆炸奇点。然而，同年 11 月我的女儿露西出生后不久的一个晚上，当我上床睡觉时，开始思考黑洞的问题。我的残废使得这个过程进行得相当缓慢，这样我有大量的时间。那时候还不存在关于时空的那些点是在黑洞之内还是在黑洞之外的准确定义。我已经和罗杰·彭罗斯讨论过将黑洞定义为不能逃逸到远处的事件集合的想法，这也就是现在被广泛接受的定义。它意味着，黑洞边界——即事件视界——是由刚好不能从黑洞逃逸，而只在边缘上永远盘旋的光线在时空里的路径形成的（图 7.1）。这有点像从警察那里逃开，但是仅仅维持比警察快一步，而不能彻底逃脱的情景！

我忽然意识到，这些光线的路径永远不可能相互靠近。如果它们靠近，它们最终就必定相撞。这正如和另一个往相反方向逃离警察的人相遇一样——你们俩都会被抓住（或者，在这种情形下落到黑洞中去）。但是，如果这些光线被黑洞吞没，那它们就从未在黑洞的边界上待过。所以在事件视界上的光线的路径必须永远相互平行运动或相互散开。另一种看到这一点的方

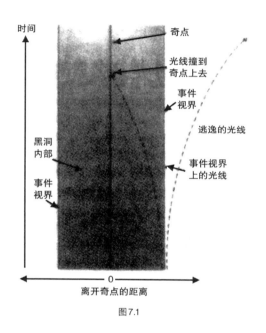

图7.1

法是，事件视界，即黑洞边界，正像一个阴影的边缘 —— 一个即
将临头的厄运的阴影。如果你看到在远距离上的一个源，譬如
太阳，投下的阴影，就能看到边缘上的光线不会相互靠近。

　　如果从事件视界（即黑洞边界）来的光线永不相互靠近，则
事件视界的面积可以保持不变或者随时间增大，但它永远不会
减小 —— 因为这意味着至少边界上的一些光线必然互相靠近。事
实上，每当物质或辐射落到黑洞中去，这面积就会增大（图
7.2）；或者如果两个黑洞碰撞并合并成一个单独的黑洞，这最
后的黑洞的事件视界面积就会大于或等于原先黑洞事件视界面
积的总和（图7.3）。事件视界面积的非减性质给黑洞的可能行

为加上了重要的限制。我为这个发现激动非常，以至于当夜没睡多少。第二天，我给罗杰·彭罗斯打电话，他同意我的结果。我想，事实上他此前已经觉察到了这个面积的性质。然而，他使用了稍微不同的黑洞定义。他没有意识到，假定黑洞已经稳定于一个不随时间变化的状态，按照这两种定义，黑洞的边界，并因此其面积都应是一样的。

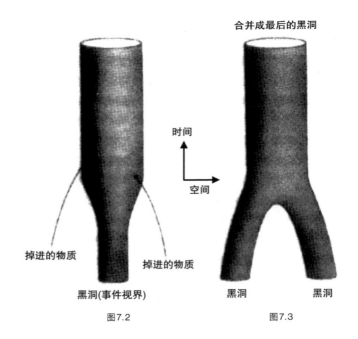

合并成最后的黑洞

时间

空间

掉进的物质　　　　掉进的物质

黑洞(事件视界)　　　黑洞　　　黑洞

图7.2　　　　　　　　图7.3

　　我们非常容易从黑洞面积的非减行为联想起被称做熵的物理量的行为。熵是测量一个系统的无序程度的物理量。常识告诉我们，如果不进行外部干涉，事物总是倾向于增加它的无序度。（你只要停止保养房子就会看到这一点！）我们可以从无序中创造出有序来（例如你可以油漆房子），但是必须消耗精力或能量，这样减少了可利用的有序能量的数量。

热力学第二定律准确地描述了这个观念。它陈述道：一个孤立系统的熵总是增加，并且将两个系统连接在一起时，其合并系统的熵大于所有单独系统熵的总和。譬如，考虑一盒气体分子的系统。分子可以认为是不断相互碰撞，并不断从盒子壁反弹回来的康乐球。气体的温度越高，分子就运动得越快，这样它们撞击盒壁越频繁也越厉害，而且它们作用到壁上的向外的压力越大。假定初始时所有分子被一隔板限制在盒子的左半部。如果接着将隔板除去，这些分子将趋向散开并充满盒子的两半。在以后的某一时刻，所有这些分子偶尔会都呆在右半部或回到左半部，但占绝对优势的可能性是，分子的数目在左右两半大致相同。这种状态比所有分子都在一个半部的原先状态更加无序。因此，我们说气体的熵增加了。类似地，假定我们从两个盒子开始，将一个盒子充满氧分子，另一个盒子充满氮分子。如果把两个盒子连在一起并移去中间的壁，则氧分子和氮分子就开始混合。在后来的时刻，最可能的状态是两个盒子都充满了相当均匀的氧分子和氮分子的混合物。这种状态比原先分开的两盒的初始状态更无序，即具有更大的熵。

与其它科学定律，譬如牛顿引力定律相比，热力学第二定律的状况相当不同。例如，它只是在绝大多数而非所有情形下成立。在以后某一时刻，我们第一个盒子中的所有气体分子在盒子的一半被发现的概率只有几万亿分之一，但它可能发生。然而，如果附近有一黑洞，似乎存在一种非常容易的方法违反第二定律：只要将一些具有大量熵的物体，譬如一盒气体，抛进黑洞里。黑洞之外物体的总熵就会减少。当然，人们仍然可以说，包括黑洞里的熵的总熵没有降低 —— 但是由于没有办法看到黑洞里面，我们无法知道里面物体的熵为多少。如果黑洞具有某一特征，黑洞外的观察者由此可知道它的熵，并且只要携带熵的物体一落入黑洞，它就会增加，那将是很美妙的。紧接着上述的黑洞面积定理的发现，即只要物体落入黑洞，它的事件视界面积就会增加，普林斯顿大学斯顿大学一位名叫雅可布·贝肯斯坦的研究生提出，事件视界的面积即是黑洞熵的测度。随着携带熵的物质落到黑洞中时，它的事件视界面积会增大，这样使得黑洞外的物质的熵和视界面积的和永远不会降低。

这个建议似乎在大多数情形下不违背热力学第二定律，然而还有一个的致命的瑕疵。如果黑洞具有熵，那它也应该有温度。但具有特定温度的物体必须以一定的速率发出辐射。从日常经验知道：只要将火钳在火上加热，它就会变红发热，并发出辐射。不过物体在低温下也发出辐射；只是因为辐射量相当小，在通常情况下未被注意到。为了防止违反热力学第二定律，这辐射是必需的。所以黑洞必须发出辐射。但正是按照其定义，黑洞被认为是不发出任何东西的物体。因此，黑洞的事件视界的面积似乎不能认为是它的熵。1972年，我和布兰登·卡特以及美国同事詹姆·巴丁合写了一篇论文，在论文中，我们指出虽然在熵和事件视界的面积之间存在许多相似点，但还存在着这个致命的困难。我必须承认，写此文章的部分动机是因为贝肯斯坦激怒了我，我觉得他滥用了我的事件视界面积增加的发现。然而，最后发现，他基本上还是正确的，虽然是在一种他肯定没有预料到的情形下。

1973 年 9 月我访问莫斯科时，和苏联两位最主要的专家雅可夫·捷尔多维奇和亚历山大·斯塔拉宾斯基讨论黑洞问题。他们说服我，按照量子力学不确定性原理，旋转黑洞应该产生并辐射粒子。在物理学的基础上，我相信他们的论点，但是不喜欢他们计算辐射所用的数学方法。因此，我着手设计一种更好的数学处理方法，并于 1973 年 11 月底在牛津的一次非正式讨论会上将其公布于众。那时我还没计算出实际上有多少辐射。我预料要发现的正是捷尔多维奇和斯塔拉宾斯基预言的从旋转黑洞发出的辐射。然而，当我做了计算，使我既惊奇又恼火的是，我发现甚至非旋转黑洞显然也应以稳定速率产生和发射粒子。起初我以为这种辐射表明我使用的一种近似无效。我担心如果贝肯斯坦发现了这个情况，他就一定会用它去进一步支持他关于黑洞熵的思想，而我仍然不喜欢这种思想。然而，我越仔细推敲，越觉得这近似其实应该有效。但是，最后使我信服这辐射是真实的理由是，这辐射的粒子谱刚好是一个热体辐射的谱，而且黑洞以刚好防止第二定律被违反的正确速率发射粒子。此后，其他人用多种不同的形式重复了这个计算。他们所有人都证实了黑洞必须如同一个热体那样发射粒子和辐射，其温度只依赖于黑洞的质量 — 质量越大则温度越低。

　　我们知道，任何东西都不能从黑洞的事件视界之内逃逸出来，黑洞怎么可能发射粒子呢？量子理论给我们的回答是，粒子不是从黑洞里面出来的，而是从紧靠黑洞的事件视界的外面的"空虚的"空间来的！我们可以用以下的方法去理解这个：我们以为是"空虚的"空间不能是完全空的，因为那就意味着，诸如引力场和电磁场的所有场都必须刚好是零。然而场的数值和它的时间变化率如同粒子的位置和速度那样：不确定性原理意味着，我们对其中的一个量知道得越准确，则对另一个量知道得越不准确。所以在空虚的空间里场不可能严格地被固定为零，因为那样它就既有准确的值（零）又有准确的变化率（也是零）。场的值必然存在一定的最小的不确定性量或量子起伏。我们可以将这些起伏理解为光或引力的粒子对，它们在某一时刻一起出现，相互离开，然后又相互靠近，而且相互湮灭。这些粒子正如同携带太阳引力的虚粒子：它们不像真的粒子那样，能用粒子探测器直接观察到。然而，它们的间接效应，例如原子中的电子轨道能量发生的微小改变可被测量出，并和理论预言一致的程度，令人十分吃惊。不确定性原理还预言了存在类似的虚的物质粒子对，例如电子对和夸克对。然而在这种情形下，粒子对的一个成员为粒子，而另一成员为反粒子（光和引力的反粒子和粒子相同）。

　　因为能量不能无中生有，所以粒子/反粒子对中的一个伴侣具有正能量，而另一个具有负能量。由于在正常情况下实粒子总是具有正能量，所以具有负能量的那一个粒子注定是短命的虚粒子。因此，它必然要找到它的伴侣并与之相互湮灭。然而，因为实粒子要花费能量抵抗大质量天体的引力吸引才能将其推到远处，所以一颗实粒子的能量在接近该天体时比在远离时更小。正常情况下，这粒子的能量仍然是正的。但是黑洞里的引力是如此之强，甚至在那里实粒子的能量都可以是负的。因此，如果存在黑洞，带有负能量的虚粒子落到黑洞里可能变成实粒子或实反粒子。这种情形下，它不再必然要和它的伴侣相互湮灭了。它被抛弃的伴侣也可以落到黑洞中去。或者由于它具有正能量，也可以作为实粒子或实反粒子从黑洞的邻近逃走（图7.4）。对于一个远处的观测者而言，它就显得像是从黑洞发射出来的粒子一样。黑洞越小，负能粒子在变成实粒子之前必

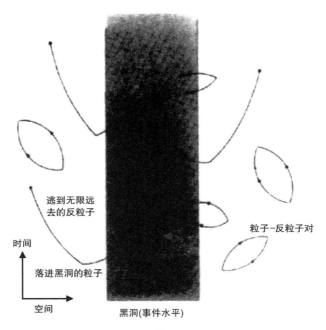

逃到无限远
去的反粒子

粒子-反粒子对

时间

落进黑洞的粒子

空间

黑洞(事件水平)

图7.4

须走的距离越短，而这样黑洞的发射率和黑洞的表观温度就分别越大和越高。

辐射出去的正能量会被落入黑洞的负能粒子流平衡。按照爱因斯坦方程 $E=mc^2$（$E$ 是能量，$m$ 是质量，而 $c$ 为光速），能量和质量成正比。因此，往黑洞去的负能量流减小它的质量。随着黑洞损失质量，它的事件视界面积变得更小，但是它发射出的辐射的熵过量地补偿了黑洞的熵的减少，所以第二定律从未被违反。

此外，黑洞的质量越小，其温度就越高。这样，随着黑洞损失质量，它的温度和发射率增加，因而它的质量损失得更快。当黑洞的质量最后变得极小时会发生什么，我们并不相当清楚。但是最合理的猜想是，它最终将会在一次巨大的，相当于几百万颗氢弹爆炸的辐射暴中消失殆尽。

一个具有几倍太阳质量的黑洞只具有一千万分之一度的绝对温度。这比充满宇宙的微波辐射的温度（大约2.7开氏度）要低得多，所以这种黑洞的辐射比它吸收的还要少。如果宇宙注定继续永远膨胀下去，微波辐射的温度就会最终减小到比这样黑洞的温度还低，它就接着开始损失质量。但是即使到了那时候，它的温度是如此之低，以至于要用一百亿亿亿亿亿亿亿亿亿（1后面跟66个0）年才全部蒸发完。这比宇宙的年龄长得多了，宇宙的年龄大约只有一百亿年至二百亿（1或2后面跟10个0）年。另一方面，正如第六章提及的，在宇宙的极早期阶段也许存在由于无规性引起的坍缩而形成的质量极小的太初黑洞。这样的小黑洞会有高得多的温度，并以大得多的速率发出辐射。具有十亿吨初始质量的太初黑洞的寿命大体和宇宙的年龄相同。初始质量比这小的太初黑洞应该已蒸发完毕，但那些拥有比这稍大质量的黑洞仍在辐射出X射线以及伽马射线。这些X射线和伽马射线像光波，只是波长短得多。这样的黑洞几乎不配这"黑"的绰号：它们实际上是白热的，正以大约一万兆瓦的功率发射能量。

一个这样的黑洞可以开动十座大型发电站，只要我们能够驾驭黑洞的功率就好了。然而，这是相当困难的：这黑洞把和一座山差不多的质量压缩成比万亿分之一英寸，即一个原子核的尺度还小！如果在地球表面上有这样的一个黑洞，你就无法阻止它透过地面落到地球的中心。它会穿过地球而来回振动，直到最后停在地球的中心。所以围绕着地球的轨道是放置这样一个黑洞并利用其发射出的能量的仅有之处，而使它围绕地球公转的唯一办法是，在它前面拖一个大质量去吸引它，这和在驴子前面放一根胡萝卜颇为相似。至少在最近的将来，这个提议并不现实。

但是，即使我们不能驾驭来自这些太初黑洞的辐射，我们观测到它们的机遇又有多少呢？我们可以寻找太初黑洞在其大部分生存期里发出的伽马射线辐射。虽然大多数黑洞在很遥远的地方，从它们而来的辐射非常弱，但是从它们全体来的总辐射是可以检测到的。我们确实观察到这样的一个伽马射线背景：

图7.5表示观察到的强度如何随频率（每秒波动的次数）的变化。然而，这个背景可以，并且大概是由除了太初黑洞以外的过程产生的。图7.5中的点线指出，如果每立方光年平均有三百个太初黑洞，它们所发射的伽马射线的强度应如何随频率变化。因此我们可以说，伽马射线背景的观测并没给太初黑洞提供任何肯定的证据。但它们明确告诉我们，在宇宙中平均每立方光年不可能有多于三百个太初黑洞。这个极限表明，太初黑洞最多只能构成宇宙中百万分之一的物质。

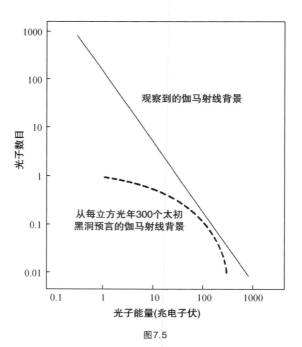

图7.5

　　由于太初黑洞是如此稀罕，似乎不太可能存在一个近到我们可以将其当做一个单独的伽马射线源来观察的黑洞。但是由于引力会将太初黑洞往任何物体处拉近，所以在星系里面和附近它们应该稠密得多。虽然伽马射线背景告诉我们，平均每立方光年不可能有多于三百个太初黑洞，但它并未告诉我们，太初黑洞在我们星系中有多么普遍。譬如说，如果它们的密度比这个普遍大一百万倍，则离我们最近的黑洞可能大约在十亿千米远，或者大约是已知的最远的行星 — 冥王星那么远。在这个距离上去探测黑洞稳定的辐射，即使其功率为一万兆瓦，仍是非常困难的。为了观测到一个太初黑洞，我们必须在合理的时间间隔里，譬如一个星期，从同方向检测到几个伽马射线量子。否则，它们仅可能是背景的一部分。因为伽马射线有非常高的频率，从普朗克量子原理得知，每一伽马射线量子都具有非常高的能量，这样甚至辐射一万兆瓦都不需要许多量子。而要观测到从冥王星这么远来的这些稀少的粒子，需要一个比任何迄今已经建造的更大的伽马射线探测器。况且，由于伽马射线不能穿透大气层，此探测器必须放置到太空。

　　当然，如果一颗像冥王星这么近的黑洞已达到它生命的末期并要爆炸开来，很容易检测其最后辐射暴。但是，如果一个黑洞已经辐射了一百亿年至两百亿年，不在过去或将来的几百万年里，而是在未来的若干年里到达它生命终点的可能性真是微不足道！所以在你的研究津贴用光之前，为了有一合理的机会看到爆炸，必须找到在大约一光年距离之内检测任何爆炸的方法。事实上，原先建造来监督违反禁止核试验条约的卫星检测到了从太空来的伽马射线暴。每个月它们似乎发生十六次左右，并且大体均匀地分布在天空的所有方向上。这表明它们起源于太阳系之外，否则的话，我们可以预料它们集中于行星轨道面上。这种均匀分布还表明，这些伽马射线源要么处于银河系中离我们相当近的地方，要么就在它的外围的宇宙学距离之处，否则的话，它们又会集中于星系的平面附近。在后者的情形下，导致伽马射线暴所需的能量实在太大，微小的黑洞根本提供不起。但是如果这些源以星系的尺度衡量邻近我们，那就可能是正在爆发的黑洞。我非常希望这种情形成真，但是我必须承认，还可以用其它方式来解释伽马射线暴，例如中子星的碰撞。未来几年的新观测，尤其是像LIGO这样的引力波探测器，应该能使我们发现伽马射线暴的起源。

即使对太初黑洞的寻求证明是否定的，看来可能会是这样，仍然给了我们关于极早期宇宙的重要信息。如果早期宇宙曾经是混沌或无规的，或者如果物质的压力曾经很低，可以预料到会产生比我们由观测伽马射线背景设下的极限还多许多的太初黑洞。只有当早期宇宙是非常光滑和均匀的，并有很高的压力，我们才能解释为何没有可观数目的太初黑洞。

黑洞辐射的思想是这种预言的第一例，它以基本的方式依赖于20世纪两个伟大理论，即广义相对论和量子力学。因为它推翻了已有的观点，所以一开始就引起了许多反对："黑洞怎么能辐射东西？"当我在牛津附近的卢瑟福－阿普顿实验室的一次会议上，第一次宣布我的计算结果时，受到了普遍质疑。我讲演结束后，会议主席伦敦国王学院的约翰·泰勒宣布这一切都是毫无意义的。他甚至为此还写了一篇论文。然而，最终包括约翰·泰勒在内的大部分人都得出结论：如果我们关于广义相对论和量子力学的其它观念是正确的，那么黑洞必然像热体那样辐射。这样，即使我们还不能找到一个太初黑洞，大家相当普遍地同意，如果找到的话，它必须正在发射出大量的伽马射线和 X 射线。

黑洞辐射的存在似乎意味着，引力坍缩不像我们一度认为的那样是最终的、不可逆转的。如果一个航天员落到黑洞中去，黑洞的质量将增加，但是最终这额外质量的等效能量将会以辐射的形式回到宇宙中去。这样，此航天员在某种意义上被"再循环"了。然而，这是一种非常可怜的不朽，因为当航天员在黑洞里被拉断时，他的任何个人的时间概念几乎肯定达到了终点！甚至最终被黑洞辐射的粒子的种类，一般来说都和构成这航天员的不同：这航天员所遗留下来的仅有特征是他的质量或能量。

当黑洞的质量大于几分之一克时，我用以推导黑洞辐射的近似应是很有效的。但是，当黑洞在它的生命晚期，质量变得非常小时，这近似就失效了。最可能的结果看来是，它至少就从宇宙的我们这一区域消失了，带走了航天员和可能在它里面的任何奇点，如果其中确有一个奇点的话。这是量子力学能够去掉广义相对论预言的奇点的第一个迹象。然而，我和其他人在1974年使用的方法不能回答诸如在量子引力理论中是否会发生奇性的问题。因此，从1975年以来，根据理查德·费恩曼对于历史求和的思想，我开始推导一种更强有力的量子引力论方法。这种方法对宇宙的开端和终结以及其中的诸如航天员之类的内容给出的答案，将在以下两章描述。我们将会看到，虽然不确定性原理对于我们所有的预言的准确性都加上了限制，同时它却可以排除掉发生在时空奇点处的基本的不可预言性。

# 第 8 章
# 宇宙的起源和命运

　　爱因斯坦广义相对论本身就预言了：时空在大爆炸奇点处开始，并会在大挤压奇点处（如果整个宇宙坍缩的话）或在黑洞中的一个奇点处（如果一个局部区域，譬如恒星将要坍缩的话）结束。任何落进黑洞的东西都会在奇点处毁灭，在外面只能继续感觉到它的质量的引力效应。另一方面，当考虑量子效应时，物体的质量和能量似乎会最终回到宇宙的其余部分，黑洞和在它当中的任何奇点会一道蒸发掉并最终消失。量子力学对大爆炸和大挤压奇点也能有同等戏剧性的效应吗？在宇宙的极早或极晚期，当引力场如此之强，量子效应不能不考虑时，究竟会发生什么？宇宙究竟是否有一个开端或终结？如果有的话，它们是什么样子的？

　　在整个 20 世纪 70 年代，我主要都在研究黑洞，但在 1981 年参加在梵蒂冈由耶稣会组织的宇宙学会议时，我对于宇宙的起源和命运问题的兴趣被重新唤起。当天主教会试图对科学的问题发号施令，并宣布太阳围绕着地球运动时，对伽利略犯下了严重的错误。几个世纪后的今天，它决定邀请一些专家做宇宙学问题的顾问。在会议的尾声，教皇接见所有与会者。他告诉我们，在大爆炸之后的宇宙演化是可以研究的，但是我们不应该去追问大爆炸本身，因为那是创生的时刻，因而只能是上帝的事务。我心中窃喜，看来他并不知道，我刚在会议上作过的演讲的主题——时空有限而无界的可能性，这意味着它没有开端，即没有创生的时刻。我一点都不想去分享伽利略的厄运。我对伽利略之所以有一种强烈的认同感，其部分原因是我刚好出生于他死后的三百年！

为了解释我和其他人关于量子力学如何影响宇宙的起源和命运的思想，必须首先按照所谓的"热大爆炸模型"来理解被广泛接受的宇宙历史。它是假定从早到大爆炸时刻起宇宙就可用弗里德曼模型来描述。在此模型中，人们发现当宇宙膨胀时，位于其中的任何物体或辐射都变得更凉（当宇宙的尺度扩大到两倍，它的温度就降低到一半）。由于温度即是粒子的平均能量——或速度的测度，宇宙的这一变凉对于其中的物质就会有主要的效应。在非常高的温度下，粒子能够运动得如此之快，可以逃脱任何由核力或电磁力将它们相互吸引在一起的作用。但是可以预料到，随着它们冷却下来，粒子相互吸引并且开始结块。更有甚者，连存在于宇宙中的粒子种类也依赖于温度。在足够高的温度下，粒子的能量是如此之高，只要它们碰撞就会产生很多不同的粒子／反粒子对——并且，虽然其中一些粒子打到反粒子上去时会湮灭，但是它们产生得比湮灭得更快。然而，在更低的温度下，碰撞粒子具有较小的能量，粒子／反粒子对产生得不快——而湮灭则变得比产生更快。

就在大爆炸时刻本身，宇宙体积被认为必然是零，所以必然是无限热。但是，辐射的温度随着宇宙的膨胀而降低。大爆炸后的一秒钟，温度降低到约为一百亿度，这大约是太阳中心温度的一千倍，即氢弹爆炸达到的温度。此刻宇宙主要包含光子、电子和中微子（极轻的粒子，它只受弱力和引力的作用）和它们的反粒子，还有一些质子和中子。随着宇宙继续膨胀，温度继续降低，电子／反电子对在碰撞中的产生率就落到它们的湮灭率之下。这样，大多数电子和反电子相互湮灭掉了，产生出更多的光子，只剩下一些电子。然而，中微子和反中微子并没有相互湮灭掉，因为这些粒子和它们自己以及其它粒子的作用非常微弱。这样，直到今天它们还应该仍然存在。如果我们能观测到它们，就会为非常热的早期宇宙阶段的这一图象提供一个很好的检验。可惜现在它们的能量太低了，使得不能被我们直接观察到。然而，如果中微子不是零质量，而是像近年的一些实验暗示的，自身具有小的质量，我们则可能间接地探测到它们：正如前面提到的那样，它们可以是"暗物质"的一种形式，具有足够的引力吸引去遏止宇宙的膨胀，并使之重新坍缩。

在大爆炸后大约一百秒，温度降到了十亿度，也即最热的恒星内部的温度。在此温度下，质子和中子不再有足够的能量逃脱强核力的吸引，所以开始结合产生氘（重氢）的原子核。氘核包含一个质子和一个中子。然后，氘核和质子、中子相结合形成氦核，它包含两个质子和两个中子，还产生了少量的两种更重的元素锂和铍。可以计算出，在热大爆炸模型中大约1/4的质子和中子变成了氦核，以及少量的重氢和其它元素。余下的中子会衰变成质子，这正是通常氢原子的核。

1948年，科学家乔治·伽莫夫和他的学生拉夫·阿尔法在一篇著名的合作的论文中，第一次提出了宇宙的热的早期阶段的图象。伽莫夫颇为幽默——他说服了核物理学家汉斯·贝特将他的名字也加到这论文上面，使得列名作者为"阿尔法、贝特、伽莫夫"，正如最前面三个希腊字母：阿尔法、贝他、伽马。这特别适合于一篇关于宇宙开初的论文！在此论文中，他们作出了一个惊人的预言：源于非常热的宇宙早期阶段的辐射（以光子的形式）今天还应该在周围存在，但是其温度已被降低到只比绝对零度（-273℃）高几度。这正是彭齐亚斯和威尔逊于1965年发现的辐射。在阿尔法、贝特和伽莫夫写此论文时，对于质子和中子的核反应了解得不多，所以对于早期宇宙不同元素比例所作的预言相当不准确；但是，在用更好的知识重新进行这些计算之后，现在的结果已非常好地符合我们的观测。况且，在解释宇宙为何应该有这么多氦时，用任何其它方法都是非常困难的。所以，我们相当确信，至少一直回溯到大爆炸后大约一秒钟为止，这个图象是正确无误的。

大爆炸后的仅仅几个钟头之内，氦和其它元素就停止产生了。之后的一百万年左右，宇宙仅仅是继续膨胀，没有发生什么事。最后，一旦温度降低到几千度，电子和核不再有足够能量去战胜它们之间的电磁吸引力，它们就开始结合形成原子。宇宙作为整体，继续膨胀变冷，但在一个比平均稍微密集些的区域，膨胀就会由于额外的引力吸引而缓慢下来。在一些区域膨胀最终会停止并开始坍缩。当它们坍缩时，在这些区域外的物体的引力拉力使它们开始很慢地旋转；当坍缩的区域变得更小，它会自转得更快 — 正如在冰上自转的滑冰者，缩回手臂时会自转得更快。最终，当区域变得足够小，它自转得快到足以平衡引力的吸引，碟状的旋转星系就以这种方式诞生了。另外一些区域刚好没有获得旋转，就形成了叫作椭圆星系的椭球状天体。这些区域之所以停止坍缩，是因为星系的个别部分稳定地围绕着它的中心公转，但星系整体并没有旋转。

随着时间流逝，星系中的氢和氦气体被分割成更小的星云，后者在自身引力下坍缩。当它们收缩时，其中的原子相互碰撞，气体温度升高，直到最后，热得足以开始热聚变反应。这些反应将更多的氢转变成氦，释放出的热增加了压力，因此使星云不再继续收缩。它们会稳定地在这种状态下，作为像太阳一样的恒星停留一段很长的时间，它们将氢燃烧成氦，并将得到的能量以热和光的形式辐射出来。质量更大的恒星需要变得更热，以平衡它们更强的引力吸引，使得其核聚变反应进行得快得这么多，以至于它们在一亿年这么短的时间里就会将氢耗光。然后，它们会稍微收缩一点，而随着它们进一步变热，就开始将氦转变成像碳和氧这样更重的元素。但是，这一过程没有释放出太多的能量，所以正如在黑洞那一章描述的，危机就会发生了。人们不完全清楚下一步还会发生什么，但是看来恒星的中心区域很可能坍缩成一个非常致密的状态，譬如中子星或黑洞。恒星的外部区域有时会在称为超新星的巨大爆发中吹出来，这种爆发使星系中的所有恒星都显得黯淡无光。恒星接近生命终点时产生的一些重元素就被抛回到星系里的气体中去，为下一代恒星提供一些原料。因为我们的太阳是第二代或第三代恒星，是大约五十亿年前由包含有更早超新星碎片的旋转气体云形成的，所以大约包含2％这样的重元素。云里的大部分气体形成了太阳或者喷到外面去，但是少量的重元素集聚在一起，形成了像地球这样的，现在作为行星围绕太阳公转的天体。

地球原先是非常热的，并且没有大气。在时间的长河中，它冷却下来，并从岩石中散发的气体获得了大气。我们无法在这早先的大气中存活。因为它不包含氧气，反而包含很多对我们有毒的气体，如硫化氢（即臭鸡蛋难闻的气体）。然而，存在其它能在这种条件下繁衍的原始的生命形式。人们认为，它们可能是如下过程的结果：由于原子的偶然结合，形成叫作高分子的大结构，这种结构能够将海洋中的其它原子聚集成类似的结构。它们就这样复制自己并繁殖。在有些情况下复制有些错误。这些错误通常使新的高分子不能复制自己，并最终被消灭。然而，一些错误会产生新的高分子，这些高分子甚至更能自我繁殖。因此它们具有优势，并企图取代原先的高分子。进化的过程就是以此方式开始，并导致产生越来越复杂的自我复制组织。最早的原始的生命形式消化了包括硫化氢在内的不同物质，而释放出氧气。这就逐渐地将大气改变成今天这样的成分，并且允许诸如鱼、爬行动物、哺乳动物以及最后人类等生命的更高形式的发展。

宇宙从非常热的状态开始并随膨胀而冷却的景象，和我们今天所有的观测证据相一致。尽管如此，它还留下许多未被回答的重要问题：

（1）为何早期宇宙如此之热？

（2）为何宇宙在大尺度上如此均匀？为何它在空间的所有点上和所有方向上看起来相同？尤其是当我们朝不同方向看时，为何微波辐射背景的温度几乎完全相同？这有点像问许多学生一个考试题。如果所有人都给出完全相同的回答，你就会相当肯定，他们相互之间交流过。然而，在上述的模型中，从大爆炸开始光都来不及从一个遥远的区域到达另一个区域，即使这两个区域在宇宙的早期靠得很近。按照相对论，如果连光都不能从一个区域到达另一个区域，则没有任何其它的信息能做到。所以，除非因为某种不能解释的原因，导致早期宇宙中不同的区域刚好从同样的温度开始，否则没有一种方法能使它们达到相互一样的温度。

（3）为何宇宙以这么接近于区分坍缩和永远膨胀模型的临界膨胀率开始，这样即使在一百亿年以后的现在，它仍然几乎以临界的速率膨胀？如果在大爆炸后的1秒钟那一时刻其膨胀率哪怕小十亿亿分之一，那么宇宙在达到今天这么大的尺度之前早已坍缩。

（4）尽管宇宙在大尺度上是如此的一致和均匀，它却包含有局部的无规性，诸如恒星和星系。我们认为，这些是从早期宇宙中不同区域之间密度的细小差别发展而来的。这些密度起伏的起源是什么？

　　广义相对论本身不能解释这些特征或回答这些问题，因为它预言，宇宙是从在大爆炸奇点处的无限密度起始的。广义相对论和所有其它物理定律在奇点处都失效了：人们不能预言从奇点会冒出来什么。正如以前解释过的，这表明我们不妨从这理论中割除大爆炸奇点和任何先于它的事件，因为它们对我们没有任何观测效应。时空就会有一个边界——大爆炸处的开端。

　　科学似乎揭示了一族定律，在不确定性原理设下的极限内，如果我们知道宇宙在任一时刻的状态，这些定律就会告诉我们，它如何随时间发展。这些定律也许原先是由上帝颁布的，但是看来从那以后祂就让宇宙自身按照这些定律去演化，而现在不对它干涉。但是，祂是怎么选择宇宙的初始状态和结构的呢？在时间起始处的"边界条件"是什么？

　　一种可能的回答是，上帝选择宇宙的这种初始位形是由于某些我们无望理解的原因。这肯定是在一个全能造物主的威力之内。但是如果祂使宇宙以这种不能理解的方式开始，那么为何祂又选择让它按照我们可理解的定律去演化？整部科学史正是对事件不是以任意方式发生，而是反映了一定内在秩序的逐步的意识。这秩序可以是，也可以不是由神灵启示的。只有假定秩序不但应用于定律，而且应用于时空边界处的条件时才是自然的，这种条件指明宇宙的初始状态。可以有大量具有不同初始条件的宇宙模型，它们都服从定律。应该存在某种原则去抽取一个初始状态，也就是一个模型，去代表我们的宇宙。

　　所谓的混沌边界条件即是这样的一种可能性。这些条件含蓄地假定，宇宙是空间无限的，或者存在无限多宇宙。在混沌边界条件下，在刚刚大爆炸之后，寻求任何空间区域处于任意给定的位形的概率，在某种意义上，和它处于任何其它位形的概率是一样的：宇宙初始状态的选择纯粹是随机的。这意味着，早期宇宙可能曾经是非常混沌的无序的。因为与光滑的有序的宇宙相比，存在着多得多的混沌的无序的宇宙。（如果每一位形都是等概率的，就是因为混沌无序态多太多了，所以宇宙多半会从这种态起始）。很难理解，从这样混沌的初始条件，何以导致今天我们这个在大尺度上如此光滑的规则的宇宙。人们还预料，在这样的模型中，密度起伏导致比伽马射线背景观测设定的上限更多得多的太初黑洞的形成。

　　如果宇宙确实是空间无限的，或者如果存在无限多宇宙，就会存在某些从光滑的均匀的形态开始演化的大的区域。这有点像著名的一大群猴子锤击打字机的故事 — 它们所写的大部分都是废话。但是纯粹由于偶然，它们可能非常碰巧打出莎士比亚的一首十四行诗。类似地，在宇宙的情形下，是否我们可能刚好生活在一个光滑的均匀的区域里呢？初看起来，这是非常不可能的，因为这样光滑的区域比混沌的无序的区域稀罕得多。然而，假定只有在光滑的区域里星系、恒星才能形成，才能有合适的条件，让像我们这样复杂的，能自然复制的机体得以发展，而且这种机体能够质疑宇宙为何如此光滑的问题。这就是应用称为人存原理的一个例子。人存原理可以释义为："我们看到的宇宙之所以如此，乃是因为我们的存在。"

人存原理有弱的和强的意义下的两种版本。弱人存原理是讲，在一个大的或具有无限空间和/或时间的宇宙里，只有在某些时空有限的区域里，才存在智慧生命发展的必要条件。因此，在这些区域中，如果智慧生物观察到他们在宇宙的位置满足他们存在必要的条件，他们就不应感到惊讶。这有点像生活在富裕街坊的富人看不到任何贫穷。

应用弱人存原理的一个例子是"解释"为何大爆炸发生于大约一百亿年之前 — 智慧生物大约需要那么长时间演化。正如前面解释的，一个早代的恒星必须首先形成。这些恒星将原先的一些氢和氦转化成像碳和氧这样的元素，由这些元素构成我们。然后恒星作为超新星而爆发，其裂片去形成其它恒星和行星，其中就包括我们的太阳系的那些，而太阳系年龄大约是五十亿年。地球存在的头十亿或二十亿年，对于任何复杂东西的发展都嫌太热。余下的三十亿年左右才用于生物进化的漫长过程，从最简单的生命，直到能够测量回溯到大爆炸的时间的生命，就在这个期间形成。

很少有人会对弱人存原理的有效性提出异议。然而，有的人变本加厉并提出强人存原理。按照这个理论，要么存在许多不同的宇宙，要么存在一个单独宇宙的许多不同的区域，每一个都有自己初始的位形，或许甚至还有自己的一族科学定律。这些宇宙中的大多数，不具备复杂机体发展的合适条件；只有在少数像我们的宇宙中，智慧生命才得以发展并能质疑："为何宇宙是我们看到的这种样子？"答案很简单：如果它不是这个样子，我们就不会在这里！

我们现在知道，科学定律包含许多基本的数，如电子电荷的大小以及质子和电子的质量比。至少现在，我们不能从理论上预言这些数值——我们必须由观测找到它们。也许有一天，我们会发现一个将它们所有都预言出来的完备的统一理论，但是还有可能它们之中的一些或全部，在不同的宇宙之间或在一个单一宇宙之中是变化的。值得注意的事实是，这些数值看来是被非常细微地调整到让生命得以发展。例如，如果电子的电荷只要稍微有点不同，则要么恒星不能够燃烧氢和氦，要么它们没有爆炸过。当然，也许存在其它形式的，甚至科学幻想作家从未梦想过的智慧生命。它并不需要像太阳这样恒星的光，或在恒星中制造出并在它爆炸时被抛到空间去的更重的化学元素。尽管如此，看来很清楚，允许任何智慧生命形式的发展的数值范围是相对比较狭窄的。对于大部分数值的集合，宇宙也会产生，虽然它们也可以是非常美的，可惜不包含任何一个能为如此美丽而倾倒的人。人们既可以认为这是在创生和科学定律选取中的神意的证据，也可以认为是对强人存原理的支持。

人们可以提出一系列理由，来反对用强人存原理解释观察到的宇宙状态。首先，在何种意义上，断定所有这些不同的宇宙存在？如果它们确实相互隔开，在其它宇宙中发生的事件在我们自己的宇宙中就没有可观测的后果。所以，我们应该用经济原理，将它们从理论中割除掉。另一方面，它们若仅仅是一个单独宇宙的不同区域，则在每个区域里的科学定律都必然是一样的，否则人们就不能从一个区域连续地运动到另一区域。在这种情况下，不同区域之间的仅有的不同是它们的初始结构。这样，强人存原理即归结为弱人存原理。

对强人存原理的第二个异议是，它和整个科学史的潮流背道而驰。我们现代的图象是从托勒密和他的鼻祖们的地心宇宙论出发，通过哥白尼和伽利略的日心宇宙论发展而来的。在此图象中，地球是一个中等大小的行星，它围绕着一个寻常的螺旋星系外圈的普通恒星公转，而这星系本身只是可观察到的宇宙中的大约一万亿个星系之一。然而强人存原理却宣布，这整个庞大的构造仅仅是因我们的缘故而存在，这是非常令人难以置信的。我们太阳系肯定是我们存在的前提，人们可以将之推广于我们的整个星系，作为让产生重元素的早代恒星存在的前提。但是，人们丝毫看不出存在任何其它星系的必要，宇宙在大尺度上也不必在每一方向上必须如此一致和类似。

如果人们能够证明，宇宙的相当多不同的初始位形会演化产生像我们今天观测到的宇宙，至少在弱的形式上，人们会对人存原理感到更满意。如果果真如此，则一个从某些随机的初始条件发展而来的宇宙，应当包含许多光滑均匀的区域，而且这些区域适合智慧生命演化。另一方面，如果必须极端仔细地选择宇宙的初始条件，才能导致在我们周围所看到的一切，宇宙就不太可能包含任何会出现生命的区域。在上述的热大爆炸模型中，热来不及从一个区域流到另一区域。这意味着，宇宙的初始态在每一处必须刚好有同样的温度，才能说明我们在每一方向上看到的微波背景辐射都有同样温度。其初始的膨胀率也要非常精准地选取，才能使现在的膨胀率仍然这么接近于需要用以避免坍缩的临界速率。这表明，如果热大爆炸模型直到时间的开端都是正确的，则确实必须非常仔细地选择宇宙的初始态。所以，除非作为上帝有意创造像我们这样生命的行为，否则很难解释，为何宇宙只用这种方式起始。

为了试图寻找一个能从许多不同的初始位形演化到某种像现在这样的宇宙，麻省理工学院的科学家阿伦·固斯提出，早期宇宙可能经历过一个非常快速膨胀的时期。这种膨胀叫作"暴胀"，意指宇宙在一段时间里，不像现在这样以减少的，而是以增加的速率膨胀。按照固斯理论，在远远短于一秒的时间里，宇宙的半径增大了一百万亿亿亿（1 后面跟 30 个 0）倍。

固斯提出，宇宙是以一种非常热而且相当混沌的状态从大爆炸起始的。这些高温表明宇宙中的粒子运动得非常快并具有高能量。正如早先讨论过的，我们预料在这么高的温度下，强核力和弱核力及电磁力都被统一成一个单独的力。随着宇宙膨胀，它会变冷，而粒子能量下降。最后出现了所谓的相变，并且力之间的对称性被破坏了：强力变得和弱力以及电磁力不同。相变的一个普通的例子是，当水降温时会冻结成冰。液态水是对称的，它在任何一点和任何方向上都是相同的。然而，当冰晶体形成时，它们有确定的位置，并在某一方向上整齐排列。这就破坏了水的对称。

在水的情形，只要你足够小心，就能使之"过冷"：也就是可以将温度降低到冰点（0℃）以下而不结冰。固斯认为，宇宙的行为可能很相似：宇宙温度可以降低到临界值以下，而各种力之间的对称没有受到破坏。如果发生这种情形，宇宙就处于一个不稳定状态，其能量比对称破缺时更大。可以证明，这特殊的额外能量呈现出反引力的效应：其起过的作用如同一个宇宙常数。宇宙常数是当爱因斯坦试图建立一个静止的宇宙模型时，引进广义相对论中去的。由于宇宙已经像在大爆炸模型中那样膨胀，所以这宇宙常数的排斥效应使得宇宙以不断增加的速度膨胀。即使在一些物质粒子比平均数更多的区域，这一有效宇宙常数的排斥作用也超过了物质的引力吸引作用。这样，这些区域也以加速暴胀的形式膨胀。当它们膨胀时，物质粒子就越分越开，留下了一个几乎不包含任何粒子，并仍然处于过冷状态的膨胀的宇宙。这种膨胀抹平了宇宙中的任何无规性，正如当你吹胀气球时，它上面的皱纹就被抹平了。这样，从许多不同的非均匀的初始状态可以演化出宇宙现在光滑的均匀的状态。

在这样一个其膨胀由宇宙常数加速，而不由物质的引力吸引减慢的宇宙中，早期宇宙中的光就有足够的时间从一个区域旅行到另一个区域。这就解答了早先提出的，为何在早期宇宙中的不同区域具有同样性质的问题。不但如此，宇宙的膨胀率也自动地变得非常接近由宇宙的能量密度决定的临界值。这就能够解释，不需假设宇宙初始膨胀率曾被非常仔细地选择过，为何现在的膨胀率仍然这么接近临界值。

暴胀的思想还能解释为何在宇宙中存在这么多物质。在我们能观察到的宇宙中大约有一亿亿亿亿亿亿亿亿亿亿亿（1后面跟80个0）个粒子。它们从何而来？答案是，在量子理论中，粒子可以以粒子／反粒子对的形式由能量中创生出来。但这只不过又引出了能量从何而来的问题。答案是，宇宙的总能量准确为零。宇宙中的物质是由正能量产生的。然而，物质本身由于引力总是吸引的。两块相互靠近的物质比两块分得很开的物质具有较少的能量，因为你必须消耗能量去克服把它们拉在一起的引力才能将其分开。这样，在一定意义上，引力场具有负能量。在空间上大体一致的宇宙的情形中，我们可以证明，这个负的引力能准确地抵消了物质所代表的正能量。这样，宇宙的总能量为零。

零的两倍仍为零。这样，宇宙可以将其正的物质能和负的引力能都加倍，而不违反能量守恒。在宇宙正常膨胀时，这并没有发生。这时当宇宙变大时，物质能量密度下降。然而，这种情形确实发生于暴胀时期。因为当宇宙膨胀时，过冷态的能量密度保持不变：当宇宙体积加倍时，正物质能和负引力能都加倍，这样总能量保持为零。在暴胀相，宇宙的尺度增大了一个非常大的倍数。这样，可用以制造粒子的总能量变得非常大。正如固斯说过的："都说没有免费午餐这回事，但是宇宙却是最彻底的免费午餐。"

今天的宇宙不是以暴胀的方式膨胀的。这样，必须有一种机制，它可以消去这一非常大的有效宇宙常数，从而使膨胀率从加速的状态改变为如同今天这样由引力减慢的状态。我们可以预料，在宇宙暴胀时各种力之间的对称最终会破缺，正如过冷的水最终会凝固一样。这样，未破缺的对称态的额外能量就会释放，并将宇宙重新加热到刚好低于使各种力对称的临界温度。以后，宇宙就以标准的大爆炸模式继续膨胀并变冷。不过，现在我们可以解释，为何宇宙刚好以临界速率膨胀，并且为何不同的区域具有相同的温度。

在固斯的原先设想中，相变是突然发生的，与在非常冷的水中出现冰晶体相当类似。其想法是，正如同沸腾的水围绕着蒸汽泡，新的对称破缺相的"泡泡"在原有的对称相中形成。设想泡泡膨胀并相互碰撞，直到整个宇宙处于新相。麻烦在于，正如同我和其他几个人指出的，宇宙膨胀得如此之快，即使泡泡以光速胀大，它们也要相互分离，并因此不能合并在一起。结果宇宙变成一种非常不均匀的状态，有些区域仍具有不同力之间的对称。这样的模型跟我们观测到的宇宙不吻合。

1981年10月，我去莫斯科参加量子引力的会议。会后，我在斯特堡天文研究所做了一个有关暴胀模型和它的问题的演讲。在此之前，我请其他人替我宣读讲稿，因为大多数人听不懂我的声音。但是这一次我来不及准备讲稿，所以我自己讲，并让我的一名研究生逐字逐句地重复我的话。演讲进行得很顺利，使我有很多的时间和听众交谈。听众席中有一位年轻的苏联人，莫斯科列别捷夫研究所的安德雷·林德。他说，如果泡泡是如此之大，使得我们的宇宙区域被整个地包含在一个单独的泡泡之中，则可以避免泡泡不能合并在一起的困难。为了使这个行得通，从对称相朝着对称破缺相的改变必须在泡泡中发生得非常缓慢，不过按照大统一理论这是完全可能的。林德的缓慢对称破缺的思想非常好，但是过后我意识到，他的泡泡在那一时刻必须比宇宙的尺度还要大！我指出，那时对称不仅在泡泡里，而是在所有的地方同时被破坏。这会导致一个正如我们所观察到的均匀的宇宙。我因这个思想而非常激动，并和我的一个学生因·莫斯讨论。然而，当我后来收到一个科学杂志社寄来的林德的论文，征求是否可以发表时，作为他的朋友，我感到相当难为情。我答复说，这里有一个关于泡泡比宇宙还大的瑕疵，但是里面关于缓慢对称破缺的基本思想是非常好的。我建议将此论文照原样发表。因为林德要花几个月时间去改正它，并且他寄到西方的任何东西都要通过苏联的审查，这种对于科学论文的审查既无技巧可言又很缓慢。我和因·莫斯便越俎代庖，为同一杂志写了一篇短文。我们在该文中指出这泡泡的问题，并提出如何将其解决。

我从莫斯科返回的第二天，即要去费城接受富兰克林研究所的奖章。我的秘书朱迪·费拉施展其不俗的魅力说服了英国航空公司给她自己和我免费提供协和式飞机的广告旅行坐席。然而，在去机场的路上因大雨耽搁，我没赶上那个航班。尽管如此，我最终还是到了费城并得到了奖章。之后，我应邀在费城的爵硕大学做了关于暴胀宇宙的演讲。我做了和在莫斯科的一样的讲演，是关于暴胀宇宙的问题。

几个月之后，宾州大学的保罗·斯特恩哈特和安德鲁斯·阿伯勒希特独立地提出和林德非常相似的思想。现在他们和林德分享以缓慢对称破缺的思想为基础的所谓"新暴胀模型"的荣誉。（旧的暴胀模型是指固斯关于形成泡泡快速对称破缺的原始设想。）

新暴胀模型是一个好的尝试，它能解释宇宙为何是这种样子。然而我和其他几个人指出，至少在它原先的形式，它预言的微波背景辐射的温度变化要比观测到的大得多。后来的研究工作还对极早期宇宙中是否存在过这类需要的相变提出怀疑。我个人的意见是，现在新暴胀模型作为一个科学理论气数已尽。虽然还有很多人似乎不承认它的死亡，还在继续写文章，好像那理论还有生命力似的。1983年，林德提出了一个更好的所谓混沌暴胀模型。在这个模型中没有相变和过冷，而代之以存在一个自旋为0的场，由于它的量子涨落，在早期宇宙的某些区域有大的场值。在那些区域中，场的能量起到宇宙常数的作用，它具有排斥的引力效应，而使这些区域以暴胀的形式膨胀。随着它们膨胀，它们中的场的能量慢慢地减小，直到暴胀改变到犹如热大爆炸模型中的膨胀时为止。这些区域之一就成为可观察的宇宙让我们现在看到。这个模型具有早先暴胀模型的所有优点，但是它并不取决于使人生疑的相变，此外，它还能给出微波背景辐射温度起伏的合理幅度，这与观测相符合。

　　暴胀模型的这个研究指出：宇宙现在的状态可以从相当大量的不同初始位形引起。这很重要，因为它表明不必非常仔细地选取我们居住的那部分宇宙区域的初始状态。所以，如果愿意的话，我们可以利用弱人存原理解释宇宙为何现在如此这般。然而，绝不是任何一种初始位形都会产生像我们观察到的宇宙。这一点很容易证明。考虑现在宇宙处于一个非常不同的态，例如一个非常成团的非常无规的态。我们可以利用科学定律，在时间上将其演化回去，以确定宇宙在更早时刻的位形。按照经典广义相对论的奇点定理，仍然存在一个大爆炸奇点。如果你在时间前进方向上按照科学定律演化这样的宇宙，就会得到你从其开始的那个成团的无规的态。这样，必定存在不会产生像我们今天观察到的宇宙的初始位形。所以，就连暴胀模型也没有告诉我们，为何初始结构不是那种态，从它会演化成与我们观测的非常不同的宇宙。我们是否应该返回人存原理求得解释呢？难道所有这一切都仅仅是好运气？看来，这只是无望的遁词，是对我们理解宇宙根本秩序的所有希望的否定。

　　为了预言宇宙应该如何起始，我们需要在时间开端处成立的定律。罗杰·彭罗斯和我证明的奇点定理指出，如果广义相对论的经典理论是正确的，则时间的开端就会是具有无限密度和无限时空曲率的一点，在这样的点上所有已知的科学定律都将崩溃。人们可以设想存在在奇点处成立的新定律，但是在如此不守规矩之处，甚至连表述这样的定律都是非常困难的，而且从观测中，我们没有得到关于这些定律应是什么样子的任何指示。然而，奇点定理真正揭示的是，引力场变得如此之强，使量子引力效应变得十分重要：经典理论已经不能很好地描述宇宙。这样，我们必须用量子引力论去讨论宇宙的极早期阶段。正如我们将会看到的，通常的科学定律的量子理论可能在任何地方都有效，包括时间开端这一点在内：不必针对奇点提出新的定律，因为在量子理论中不必存在任何奇点。

　　我们仍然没有一个完备而协调的理论将量子力学和引力结合在一起。然而，我们相当确信这样的统一理论所应具备的某些特征。其中一个就是它必须和费恩曼提出的按照对历史求和的量子力学表述相合并。在这种方法里，一个粒子不像在经典理论中那样，不仅只有一个单独的历史。相反地，它被认为通过时空里的任何可能的路径，其中每个历史中都有一对相关的数，一个代表波的幅度，另一个代表它在循环中的位置（相位）。粒子通过某一特定点的概率是将通过此点的所有可能历史的波叠加求得。然而，当我们实际去进行这些求和时，就遭遇到了严重的技术问题。回避这个问题的仅有的独特方法是：你必须不是对发生在你我经验的"实的"时间内的，而是对发生在所谓"虚的"时间内的粒子历史的波进行求和。虚时间可能听起来像是科学幻想，但事实上，它是定义得很好的数学概念。如果你取任何平常的（或"实的"）数和它自己相乘，结果是一个正数。（例如2乘2是4，但−2乘−2也是这么多。）然而，存在一种特别的数（叫虚数），当它们自乘时得到负数（叫做$i$的数自乘时得−1，$2i$自乘得−4，等等）。

　　我们可以用下面的办法来图解实数和虚数：实数可以用一根从左至右的线来代表，中间是零点，像-1，-2等负数在左边，而像1，2等正数在右边。而虚数由书页上一根上下的线来代表，$i$，$2i$等在中点以上，而$-i$，$-2i$等在中点以下。这样，在某种意义上，虚数和通常的实数夹一直角。

　　我们必须利用虚时间，以避免进行费恩曼对历史求和的技术上的困难。也就是说，为了计算的目的，我们必须用虚数而不是用实数来测量时间。这对时空有一有趣的效应：时间和空间的区别完全消失。事件具有虚值时间坐标的时空称为欧几里得型的，它是采用建立了二维面几何的希腊人欧几里得的名字命名的。我们现在称之为欧几里得时空的东西，除了是四维而不是二维以外，其余的和它都非常相似。在欧几里得时空中，时间方向和在空间中的方向没有不同之处。另一方面，在通常用实的时间坐标来标记事件的实的时空里，我们很容易区别这两种方向 — 位于光锥之内的任何点是时间方向，位于光锥之外的为空间方向。无论如何，就日常的量子力学而言，我们可以认为，利用虚的时间和欧几里得时空仅仅是计算有关实时空的答案的数学手段（或技巧）。

　　我们相信，作为任何终极理论的一部分不可或缺的第二个特征是爱因斯坦的思想，即引力场由弯曲的时空来代表：粒子在弯曲空间中试图沿着最接近于直线的某种路径走。但是因为时空不是平坦的，它们的路径看起来似乎被引力场折弯了。当我们利用费恩曼的历史求和方法去处理爱因斯坦的引力观点时，和粒子的历史相类似的东西则是代表整个宇宙历史的完整的弯曲时空。为了避免实际进行历史求和的技术困难，这些弯曲的时空必须采用欧几里得型的。也就是，时间是虚的并和空间的方向不可区分。为了计算找到具有一定性质的，例如在每一点和每一方向上看起来都一样的实时空的概率，我们把和所有具有这性质的历史相关联的波叠加起来即可。

在广义相对论的经典理论中，可能存在许多不同的弯曲时空，每一个对应于宇宙的不同的初始态。如果我们知道我们宇宙的初始态，我们就会知道它的整个历史。类似地，在量子引力论中，可能存在许多不同的宇宙量子态。如果我们知道在历史求和中的欧几里得弯曲时空在早先时刻的行为，我们就又会知道宇宙的量子态。

在以实的时空为基础的经典引力论中，宇宙只可能以两种方式行为：要么它已存在了无限长时间，要么它在有限的过去的某一时刻的奇点上有一个开端。另一方面，在量子引力论中，出现了第三种可能性。因为人们使用欧几里得时空，在这里时间方向和空间中的方向处于相同的基础之上，所以时空有可能只有有限的尺度，却没有奇点作为它的边界或边缘。时空就像是地球的表面，只不过多了两个维度。地球的表面积是有限的，但它没有边界或边缘：如果你朝着落日的方向驾船，你不会掉到边缘外面或撞入奇点上去。（因为我曾经环球旅行过，所以知道！）

　　如果欧几里得时空延伸到无限的虚时间，或者在一个虚时间奇点处开始，我们就有了和在经典理论中指定宇宙初态的同样问题，即上帝可以知道宇宙如何开始，但是我们提不出任何特别原因，认为它应以这种而不是那种方式开始。另一方面，量子引力论开辟了另一种新的可能性，在这里时空没有边界，所以没有必要指定边界上的行为。不存在使科学定律崩溃的奇点，也就是不存在在该处必须祈求上帝或某些新的定律给时空设定边界条件的时空边缘。人们可以说："宇宙的边界条件是它没有边界。"宇宙是完全自足的，而不被外在于它的任何东西所影响。它既不被创生，也不被消灭。它就是存在。

　　我正是在早先提到的那次梵蒂冈会议上首次提出，时间和空间可能会共同形成一个在尺度上有限却没有任何边界或边缘的面。然而我的论文数学气息太浓，所以文章中包含的上帝在创生宇宙的作用的含义在当时没被普遍意识到（对我也是如此）。在梵蒂冈会议期间，我不知道如何用"无边界"思想去预言宇宙。我在加州大学的圣塔芭芭拉分校度过随之而来的夏天。在那里，我的一位朋友兼合作者詹姆·哈特尔和我共同得出了如果时空没有边界时宇宙应满足的条件。回到剑桥后，我和我的两个研究生朱丽安·拉却尔和约纳逊·哈里威尔继续从事这项工作。

　　我要着重说明，时空是有限而"无界"的这个思想仅仅是一个设想，它不能从其它原理导出。正如任何其它科学理论，它原先可由美学或形而上学的原因提出，但是它给出的预言是否与观测一致是对它的真正检验。不过，在量子引力的情况下，由于以下两个原因这很难确定。首先，正如将要在第十一章解释的，虽然我们对能将广义相对论和量子力学合并一起的理论应具有的方式，已知甚多，但是还不能准确地知道哪种理论能成功地做到这一点。其次，任何详尽描述整个宇宙的模型在数学上都过于复杂，使我们不能通过计算作出准确的预言。所以，我们不得不做简化的假设和近似 — 并且甚至这样，要从中引出预言仍是令人生畏的课题。

对历史求和中的每一个历史不只描述时空，而且也描述在其中的万物 — 包括像能观测宇宙历史的人类这样复杂的生物。这可对人存原理提供了另一个支持，因为如果任何历史都是可能的，那么只要我们存在于其中一个历史中，我们就可以用人存原理去解释为何我们发现宇宙是当前这样子。对我们并不存在其中的其它历史究竟应赋予什么确切意义还不清楚。然而，如果利用对历史求和可以证明，我们的宇宙不只是一个可能的，而且是最有可能的历史，则这个量子引力论的观点就会令人满意得多。为此，我们必须对所有可能的没有边界的欧几里得时空的历史进行求和。

我们从"无边界"假定得知，宇宙遵循大多数历史的机会是可以忽略不计的，但是存在一族拥有比其它历史多得多机会的特别历史。这些历史可以描绘成像地球的表面。在那里与北极的距离代表虚的时间，并且离北极等距离的圆周长代表宇宙的空间尺度。宇宙作为单独一点从北极起始。随着我们往南走，离开北极等距离的纬度圈变大，这和宇宙随虚时间的膨胀相对应（图8.1）。宇宙在赤道处会达到最大的尺度，并且随着虚时间的继续增加而收缩，最后在南极收缩成一点。尽管宇宙在南北二极的尺度为零，但是这些点不是奇点，它们并不比地球上的南北二极更奇异。科学定律在它们那里有效，正如它们在地球上的南北二极有效一样。

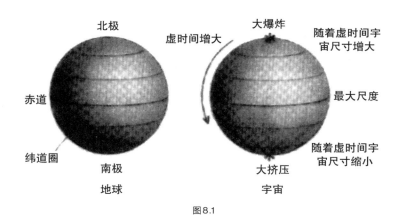

图8.1

然而，宇宙的历史在实的时间里显得非常不一样。大约在一百亿年或二百亿年以前，它有一个最小的尺度，它等于历史在虚时间里的最大半径。在后来的实时间里，宇宙就会像由林德设想的混沌暴胀模型那样地膨胀（但是现在我们不必假定宇宙以某种方式从一类合适的状态创生出来）。宇宙会膨胀到一个非常大的尺度，并最终重新坍缩成为在实时间里看起来像是奇点的一个东西。这样，在某种意义上说，即使我们躲开黑洞，仍然是注定要毁灭的。只有当我们按照虚时间来描绘宇宙时才不会有奇点。

如果宇宙确实处在这样的一个量子态中，那么在虚时间的宇宙历史就不会有奇点。因此，我近期的研究似乎使我早年关于奇点的成果完全付诸东流。但是，正如上面指出的，奇点定理的真正重要性在于，它们证明引力场必然会强到不能无视量子引力效应的程度。这接着导致也许在虚时间里宇宙的尺度可以有限但没有边界或奇点的观念。然而，当我们回到我们生活其中的实时间时，那里仍会出现奇点。陷进黑洞的那位可怜的航天员的结局仍然是极可悲的；只有当他在虚时间里生活时，才不会遭遇到奇点。

这个也许暗示所谓的虚时间才是真正的实时间，而我们叫做实时间的东西恰恰是子虚乌有的空想。在实时间中，宇宙具有开端和终结的奇点，这奇点构成了科学定律在那里崩溃的时空边界。但是，在虚时间里不存在奇点或边界。所以，很可能我们称作虚时间的才真正是更基本的观念，而我们称作实时间的反而是我们臆造的，它仅仅有助于我们描述我们认为的宇宙模样，如此而已。但是，按照我在第一章描述的方法，科学理论只不过是我们用以描述自己观察的数学模型：它只存在于我们的头脑中。所以去问诸如这样的问题是毫无意义的："实的"或"虚的"时间，哪一种是实在的？这仅仅是哪一种描述更为有用的问题。

我们还可以利用对历史求和以及无边界设想去发现宇宙的

哪些性质很可能发生。例如，我们可以计算，当宇宙具有现在密度的某一时刻，在所有方向上以几乎同等速率膨胀的概率。在迄今已被考察的简化的模型中，发现这个概率是高的；也就是说，无边界设想导致一个预言，即宇宙现在在每一方向的膨胀率几乎相同是极其可能的。这与微波背景辐射的观测相一致，它指出在任何方向上具有几乎完全同样的强度。如果宇宙在某些方向比其它方向膨胀得更快，一个附加的红移就会减小那些方向辐射的强度。

我们正在研究无边界条件的进一步预言。一个特别有趣的问题是，早期宇宙中对其均匀密度的小幅度偏离的大小。这些偏离首先引起星系，然后是恒星，最后是我们的形成。不确定性原理意味着，早期宇宙不可能是完全均匀的，因为粒子的位置和速度必定存在一些不确定性或起伏。利用无边界条件，我们发现，在事实上，宇宙必须恰好从由不确定性原理允许的最小可能的非均匀性开始。然后，正如暴胀模型中的预言，宇宙接着经历了一段快速膨胀时期。在这个期间，初始的非均匀性被放大到足以解释在我们周围观测到的结构的起源。1992年宇宙背景探险者卫星（COBE）首次检测到微波背景强度随方向的非常微小的变化。这种非均匀性随方向的变化方式似乎和暴胀模型以及无边界设想的预言相符合。这样，在卡尔·波普尔的意义上，无边界设想是一种好的科学理论：它可以被观测证伪，但是它的预言却被证实了。在一个各处物质密度稍有变化的膨胀宇宙中，引力使得较紧密区域的膨胀减慢，并使之开始收缩。这就导致星系、恒星和最终甚至像我们自己如此微不足道的生物的形成。这样，宇宙无边界条件和量子力学中的不确定性原理一道，可以解释我们在宇宙中看到的所有复杂的结构。

　　空间和时间可以形成一个没有边界的闭曲面的思想，对于上帝在宇宙事务中的作用还有一个深远的含义。随着科学理论在描述事件的成功，大部分人进而相信上帝允许宇宙按照一套定律来演化，而不介入其间使宇宙触犯这些定律。然而，定律并未告诉我们，宇宙的太初应该像什么样子 — 它依然要靠上帝去卷紧发条，并选择如何去启动它。只要宇宙有一个开端，我们就可以设想存在一个造物主。但是，如果宇宙的的确确是完全自足的，没有边界或边缘，它就既没有开端也没有终结：它就是存在。那么，还会有造物主的存身之处吗？

# 第9章
# 时间箭头

　　在前几章中，我们已经看到了，长期以来关于时间本性的观点是如何改变的。直至本世纪初人们还相信绝对时间，也就是说，每个事件只能以唯一的方式用一个叫做"时间"的数来标记。对于两个事件之间的时间间隔，所有好的钟的读数都一致。然而，对于任何观察者，不管他怎么运动，光速总是不变的这一发现，导致了相对论的诞生——而在相对论中，我们必须抛弃存在一个唯一的绝对时间的观念。相反地，每个观察者都由携带的一个钟记录自己的时间测量：不同观察者携带的钟不必一致。这样，相对于测量时间的观察者而言，时间变成为更个人的概念。

　　当我们试图统一引力和量子力学时，必须引入"虚"时间的概念。虚时间不能和空间中的方向区别开来。如果一个人能往北走，他就能转过头来并朝南走；同样地，如果一个人能在虚时间里向前走，他应该能够转过来并往后走。这表明在虚时间里，往前和往后之间不可能有重要的差别。另一方面，当我们考察"实"时间时，众所周知，在前进和后退方向存在着非常巨大的差别。过去和将来之间的这种差别从何而来？为何我们能记住过去而不是将来？

科学定律并不能区别过去和将来。更精确地讲，正如前面解释的，科学定律在称作C、P和T的联合作用（或对称）下不变。（C是指用反粒子替代粒子。P的意思是取镜像，这样左和右就相互交换了。而T是指颠倒所有粒子的运动方向：事实上，是使运动倒退回去。）在所有正常情形下，制约物体行为的科学定律在CP联合对称本身下不变。换言之，对于其它行星上的居民，若他们是我们的镜像并且是由反物质而非物质组成，则生活恰好就会和我们一样。

如果科学定律在CP联合作用以及CPT联合作用下都不变，它们也必然在单独的T作用下不变。然而，在日常生活的实时间中，将来和过去的方向之间还有一个大的差异。想象一杯水从桌子上滑落下来，在地板上被打碎。如果你将其录像，你可以容易地辨别出它在时间中是向前放，还是往回放。如果将其倒放回来，你会看到碎片忽然集聚到一起，形成一个完整的杯子，离开地板，接着跳回到桌子上。你可断定录像是在倒放，因为在日常生活中从未见过这种行为。如果发生这样的事，陶瓷业将无生意可做。

我们为何从未看到过破碎的杯子集聚起来，而且离开地面并跳回到桌子上，通常的解释是这违背了热力学第二定律。该定律可表述为，在任何闭合系统中无序度或熵总是随时间而增加。换言之，它是墨菲定律的一种形式：事情总是越变越糟！桌面上一个完整的杯子是处于一个高度有序的状态，而地板上破碎的杯子是处于一个无序的状态。你可轻而易举把早先桌子上的杯子变成后来地面上的碎杯子，而不是相反。

无序度或熵随着时间增加是所谓的时间箭头的一个例子。时间箭头将过去和将来区别开来，赋予时间以方向。至少存在三种不同的时间箭头：首先是热力学时间箭头，即是在这个时间方向上无序度或熵增加；然后是心理学时间箭头，这就是我们感觉时间流逝的方向，我们在这个方向上可以记忆过去而不是未来；最后，是宇宙学时间箭头，宇宙在这个方向上膨胀，而不是收缩。

在这一章里，我要论断，宇宙的无边界条件和弱人存原理一起能解释为何所有的三个箭头都指向同一方向 — 此外，为何必然存在一个定义得很好的时间箭头。我将论证热力学箭头决定心理学箭头，并且这两种箭头必然总是指向相同。如果我们假定宇宙服从无边界条件，我们将会看到必然存在定义得很好的热力学和宇宙学时间箭头。但对于宇宙的整个历史来说，它们并不总是指向同一方向。然而，我将论断，只有当它们指向一致时，才有合适的条件来发展这样智慧的生命，他们能发问为何无序度是在宇宙膨胀的时间方向上增加。

首先，我要讨论热力学时间箭头。导致热力学第二定律是来源于这个事实，即总存在着比有序状态多得多的无序状态。譬如，考虑一盒拼板玩具，存在一个并且只有一个使这些小纸片拼成一幅完整图画的排列。另一方面，存在巨大数量的排列，这时小纸片是无序的，不能拼成一幅画。

假设一个系统从这少数的有序状态之一出发。随着时间流逝，这个系统将按照科学定律演化，而且它的状态将改变。因为存在着更多的无序状态，后来它处于无序状态的可能性较处于有序状态更大。这样，如果一个系统服从一个高度有序的初始条件，它的无序度就会倾向于随着时间而增大。

假定拼板玩具盒中的纸片从排成一幅图画的有序组合开始，如果你摇动这盒子，因为纸片存在多得多的无序组合，所以它们将会采用其它组合，很可能是一个不能形成一幅合适图画的无序组合。有一些纸片团仍可能形成部分图画，但是你越摇动盒子，这些团就越可能被分开，这些纸片将处于完全混乱的状态，它们不能形成任何种类的图画。这么一来，如果纸片从一个高度有序的状态的初始条件出发，纸片的无序度就可能随时间而增加。

然而，假定上帝决定不管宇宙从何状态开始，它都必须结束于一个高度有序的状态，那么在早期这宇宙很可能处于无序的状态。这意味着无序度将随时间而减小。你将会看到破碎的杯子集聚起来并跳回到桌子上。然而，任何观察杯子的人都会生活在无序度随时间减小的宇宙中，我将论断这样的人会有一个倒溯的心理学时间箭头。这就是说，他们会记住将来的事件，而不是过去的事件。当杯子被打碎时，他们会记住它在桌子上的情形；但是当它在桌子上时，他们不会记住它在地面上的情景。

　　由于我们不知道大脑工作的细节，所以谈论人类的记忆相当困难。然而，我们确实完全知道计算机的记忆器是如何工作的。因此，我将讨论计算机的心理学时间箭头。我认为，可以合理假定计算机和人类有相同的箭头。如果不是这样，人们可能因为拥有一台记住明天价格的计算机而在股票交易中大发利市！大体而言，计算机的记忆器是一个包含可处于两种状态中的任一种的元件。算盘就是一个简单的例子。其最简单的形式由许多金属条组成；每一根金属条上有一算盘珠，此算盘珠可待在两个位置中的任一个。在计算机记忆器进行一项存储之前，其记忆器处于无序态，算盘珠等概率地处于两个可能的状态中。（算盘珠随机地散布在算盘的金属条上。）在记忆器和要记忆的系统相互作用后，根据系统的状态，它肯定处于这种或那种状态（每个算盘珠将要么位于金属条的左边，要么处于右边）。这样，记忆器就从无序态转变成有序态。然而，为了保证记忆器处于正确的状态，需要使用一定的能量（例如，移动算盘珠或给计算机提供电力）。这能量以热的形式耗散了，从而增加了宇宙的无序度的量。我们可以证明，这个无序度增量总比记忆器本身有序度的增量大。这样，由计算机冷却风扇排出的热量表明计算机将一个项目记录在记忆器中时，宇宙的无序度的总量仍然增加。计算机记忆过去的时间方向和无序度增加的时间方向是一致的。

因此，我们对时间方向的主观感觉即心理学时间箭头，是在我们头脑中由热力学时间箭头决定的。正像一台计算机，我们必须在熵增加的顺序上将事物记住。这几乎使热力学第二定律变成为无聊的东西。无序度随时间的增加乃是因为我们是在无序度增加的方向上测量时间。你不可能有比这个更保险的打赌了！

但是究竟热力学时间箭头为何必须存在呢？或换句话说，在我们称之为过去的时间的一端，宇宙为何处于高度有序的状态呢？它为何不一直处于完全无序的状态呢？毕竟这似乎更为可能。还有，为何无序度增加的时间方向和宇宙膨胀的时间方向相同？

在经典广义相对论中，因为所有已知的科学定律都在大爆炸奇点处崩溃，人们不能预言宇宙是如何开始的。宇宙可以从一个非常光滑和有序的状态开始。这就会导致正如我们观察到的，定义很好的热力学和宇宙学的时间箭头。但是，它也可以同样合理地从一个非常波浪起伏的无序状态开始。在那种情况下，宇宙已经处于一种完全无序的状态，所以无序度不会随时间增加。它要么保持常数，这时就没有定义得很好的热力学时间箭头；它要么会减小，这时热力学时间箭头就会和宇宙学时间箭头反向。这些可能性的任意一种都不符合我们观察到的情况。然而，正如我们看到的，经典广义相对论预言了它自身的崩溃。当时空曲率变大时，量子引力效应变得重要，而经典理论不再能很好地描述宇宙。我们必须用量子引力论去理解宇宙是如何开始的。

正如我们在上一章看到的，在量子引力论中，为了指定宇宙的态，我们仍然必须说清宇宙的可能历史在过去的时空边界是怎样行为的。只有当这些历史满足无边界条件时，我们才有可能避免这个不得不描述我们不知道和无法知道的东西的困难：它们在尺度上有限，但是没有边界、边缘或奇点。在这种情形下，时间的开端就会是一个规则的光滑的时空的点，而宇宙会在一个非常光滑和有序的状态下开始膨胀。不过，它也不可能是完全均匀的，否则就违反了量子理论的不确定性原理。初始状态中必然存在粒子密度和速度的微小起伏。然而无边界条件意味着，这些起伏又是在与不确定性原理相一致的条件下尽可能地小。

宇宙刚开始时有一个指数膨胀或"暴胀"时期，在这期间它的尺度增加了一个非常大的倍数。在这个膨胀过程中，密度起伏起初一直维持很小，但是后来开始变大。在密度比平均值稍大的区域，额外质量的引力吸引使膨胀速度放慢。最终，这样的区域停止膨胀，并坍缩形成星系、恒星以及像我们这样的生命。宇宙开始时处于一个光滑有序的状态，而随时间演化成波浪起伏的无序的状态。这就解释了热力学时间箭头的存在。

如果宇宙停止膨胀，并且开始收缩，将会发生什么呢？热力学箭头会不会倒转过来，而无序度开始随时间减少呢？这为从膨胀相存活到收缩相的人们留下了五花八门的类科学幻想的可能性。他们是否会看到杯子的碎片集聚起来，离开地板，并跳回到桌子上去呢？他们会不会记住明天的价格，并在股票市场上发财致富？由于宇宙至少还要再等一百亿年之后才开始收缩，忧虑那时会发生什么似乎有点学究气。但是有一种更快的办法去探明将来会发生什么：跳到黑洞里面去。恒星坍缩形成黑洞的过程和整个宇宙坍缩的后期相当类似。这样，如果在宇宙的收缩相无序度减小，可以预料它在黑洞里面也会减小。所以，一个落到黑洞里去的航天员在下赌注之前，也许能依靠记住轮赌盘上球儿的走向而赢钱。（然而，不幸的是，玩不了多久，他就会变成意大利面条。他也不能使我们知道热力学箭头的颠倒，或者甚至将他赢的钱存入银行，因为他被困在黑洞的事件视界后面。）

起初，我相信在宇宙坍缩时无序度会减小。这是因为，我认为宇宙再次变小时，它必须回到光滑和有序的状态。这表明，收缩相就像是膨胀相的时间反演。处在收缩相的人们将以倒退的方式生活：他们在出生之前即已死去，并且随着宇宙收缩变得更年轻。

这个观念是吸引人的，因为它表明在膨胀相和收缩相之间存在一个漂亮的对称。然而，我们不能不顾及有关宇宙的其它观念，而只采用这个观念。问题在于：无边界条件是否隐含着这个对称，或者这个条件是否与它不相协调？正如我说过的，我起先以为无边界条件确实意味着无序度会在收缩相中减小。我之所以被误导，部分是由于与地球表面的类比引起的。如果我们将宇宙的开初对应于北极，那么宇宙的终结就应该类似于它的开始,正如南极与北极相似一样。然而,南北二极对应于虚时间中宇宙的开初和终结。在实时间里,开初和终结之间可以相互非常不同。我还被我做过的一项简单的宇宙模型的研究误导,在此模型中坍缩相似乎是膨胀相的时间反演。然而,我的一位合作者,宾夕法尼亚州立大学的唐·佩奇指出,无边界条件没有要求收缩相必然是膨胀相的时间反演。此外,我的一个学生雷蒙·拉夫勒蒙进一步发现,在一个稍复杂的模型中,宇宙的坍缩和膨胀确实非常不同。我意识到自己犯了一个错误:无边界条件意味着,事实上在收缩相时无序度继续增加。当宇宙开始收缩时或在黑洞中,热力学和心理学时间箭头不会反向。

当你发现自己犯了像这样的错误后该如何办?有些人从不承认他们是错误的,而继续去找新的往往相互不协调的论据为自己辩解 — 如爱丁顿在反对黑洞理论时之所为。另外一些人首先宣称,从来没有真正支持过不正确的观点,如果他们支持了,也只是为了显示它是不协调的。在我看来,如果你在出版物中承认自己错了,那会好得多并少造成混乱。爱因斯坦即是一个好的榜样,他在试图建立一个静态的宇宙模型时引入了宇宙常数,他称此为一生中最大的错误。

回头再说时间箭头,余下的问题是:为何我们观察到热力学和宇宙学箭头指向同一方向?或者换言之,为何无序度增加的时间方向正是宇宙膨胀的时间方向?如果我们相信,按照无边界设想似乎隐含的那样,宇宙先膨胀然后重新收缩,那么为何我们应在膨胀相中而不是在收缩相中,这就成为一个问题。

　　我们可以在弱人存原理的基础上回答这个问题。收缩相的条件不适合智慧人类的存在，而正是他们能够提出这个问题：为何无序度增加的时间方向和宇宙膨胀的时间方向相同？无边界设想预言的宇宙在早期阶段的暴胀意味着，宇宙必然以非常接近为恰好避免坍缩所需的临界速率膨胀，这样它在非常长的时间内才不至于坍缩。到那时候所有的恒星都会烧尽，而在其中的质子和中子可能会衰变成轻粒子和辐射。宇宙将处于几乎完全无序的状态，这时就不会有强的热力学时间箭头。由于宇宙已经处于几乎完全无序的状态，无序度不会增加很多。然而，对于智慧生命的行动而言，一个强的热力学箭头是必需的。为了生存下去，人类必须消耗能量的一种有序形式 — 食物，并将其转化成能量的一种无序形式 — 热量。这样，智慧生命不能在宇宙的收缩相中存在。这就解释了为何我们观察到热力学和宇宙学的时间箭头指向一致。并不是宇宙的膨胀导致无序度的增加。相反地，正是无边界条件引起无序度的增加，并且使得只在膨胀相中才有适合智慧生命生存的条件。

　　总之，科学定律并不能区分前进和后退的时间方向。然而，至少存在三个时间箭头，将过去和将来区分开来。它们是热力学箭头，这就是无序度增加的时间方向；心理学箭头，即是在这个时间方向上，我们能记住过去而不是将来；还有宇宙学箭头，也即宇宙膨胀的方向而不是收缩的方向。我证明了，心理学箭头本质上应和热力学箭头相同，所以这两者总是指向相同方向。宇宙的无边界设想预言了存在定义得很好的热力学时间箭头，因为宇宙必须从光滑的有序的状态开始。并且我们之所以看到热力学箭头和宇宙学箭头的一致，乃是由于智慧生命只能在膨胀相中存在。因为在收缩相那里没有强的热力学时间箭头，所以不适合智慧生命的存在。

　　人类理解宇宙的进步，在一个无序度增加的宇宙中建立了一个很小的有序的角落。如果你记住这部书中的每一个词，你的记忆就记录了大约二百万单位的信息 — 你头脑中的有序度就增加了大约二百万单位。然而，当你读这本书时，你至少将以食物为形式的一千卡路里的有序能量，以对流和出汗的方式，转化成释放到你周围空气中的热量形式的无序能量。这就将宇宙的无序度增大了大约二十亿亿亿单位，或大约是你头脑中有序度增量 — 如果你记住这本书的一切的话 — 的一千亿亿倍。我试图在下面各章再增加一些我们头脑的有序度，解释人们如何将我描述过的部分理论结合在一起，形成一个完备的统一理论，这个理论将适用于宇宙中的万物。

# 第 10 章
## 虫洞和时间旅行

我们在上一章讨论了，为什么我们看到时间向前进，为什么无序度增加，并且我们记得过去而不是将来。时间被当成一条笔直的铁轨，我们只能往一个方向前进。

如果该铁轨有环圈以及分岔，使得一直往前开动的火车返回到原先通过的车站，对于时间而言，这是什么含义呢？换句话说，我们能否旅行到未来或过去吗？

H.G.韦尔斯在《时间机器》中，正如其他无数科学幻想作家那样，探讨了这些可能性。科学幻想的许多观念，诸如潜水艇以及飞往月亮等都已变成了科学的事实。那么，时间旅行的前景又如何呢？

1949年库尔特·哥德尔发现了广义相对论允许的新的时空。这首次表明物理学定律也许的确允许人们在时间里旅行。哥德尔是一名数学家，他由于证明了不完备性定理而名震天下。该定理是说，不可能证明所有真的陈述，即使你只限于自己去试图证明像算术这么明确而且枯燥的学科中所有真的陈述。就像不确定性原理一样，这个定理也许是我们理解和预测宇宙能力的基本极限。然而，至少迄今，它似乎还未成为我们寻求完备的统一理论的障碍。

在美国普林斯顿高级学术研究所，哥德尔在和爱因斯坦度过他们晚年时通晓了广义相对论。他的时空具有一个古怪的性质：整个宇宙都在旋转。人们也许会问："它相对于何物旋转？"其答案是，远处的物体会围绕着小陀螺或者陀螺仪的指向旋转。

这导致一个附加的效应，某人可能在乘航天飞船出发之前即已回到地球。这个性质使爱因斯坦非常不安，他以前以为广义相对论不允许时间旅行。然而，鉴于爱因斯坦无端反对引力坍缩和不确定性原理的前科，这也许反而是一个令人鼓舞的迹象。因为我们可以证明，我们生存其中的宇宙不在旋转，所以哥德尔找到的解并不对应于它。它还有一个非零的宇宙常数。当爱因斯坦以为宇宙是不变的时，他引进了宇宙常数。哈勃发现了宇宙的膨胀后，就不再需要宇宙常数了，而现在普遍认为它应为零。然而，之后从广义相对论又找到其它一些更合理的时空，它们允许旅行到过去。其中之一即是旋转黑洞的内部。另外一种是包含两根快速相互滑过的宇宙弦的时空。顾名思义，宇宙弦是弦状的物体，它具有长度，但是截面很微小。实际上，它们更像在巨大张力下的橡皮筋，其张力大约为一亿亿亿吨。把一根宇宙弦系到地球上，就会把地球在三十分之一秒的时间里从每小时零英里加速到每小时六十英里。宇宙弦初听起来像是纯粹的科学幻想物，但有理由相信，在早期宇宙中由在第五章讨论过的那种对称破缺机制可以形成宇宙弦。因为宇宙弦具有巨大的张力，而且可以从任何位形起始，所以它们一旦伸直开来，就会加速到非常高的速度。

哥德尔解和宇宙弦时空一开始就这么扭曲，使得总能旅行到过去。上帝也许创生过一个如此卷曲的宇宙，但是我们没有理由相信祂会这样做。微波背景和轻元素丰度的观测表明，早期宇宙并没有允许时间旅行所必需的这一类曲率。如果无边界设想是正确的，从理论的基础上也能导出这个结论。这样，问题就变成：如果宇宙从不具备时间旅行必需的曲率开始，我们能否随后把时空的局部区域卷曲到允许时间旅行的程度？

快速恒星际或星系际旅行是一个密切相关的，也是科学幻想作家关心的问题。根据相对论，没有东西比光运动得更快。因此，如果向我们最近邻的恒星 — 比邻星 — 发送航天飞船，由于它在大约4光年那么远，所以我们预料至少要等待八年的时间，旅行者们才能回来报告他们的发现。如果要去银河系中心探险，那么至少要十万年才能返回。相对论确实给了我们一些宽慰。这就是在第二章提及的双生子佯谬。

因为时间不存在唯一的标准，而每一位观察者都拥有他自己的时间。这种时间是用他携带的时钟来测量的，这样航程对于空间旅行者可能比对于留在地球上的人显得短暂得多。但是，那些只老了几岁的空间旅行者返回时，并没有什么值得高兴的，因为他发现留在地球上的亲友们已经死去几千年了。这样，为了使我们对他们的故事有兴趣，科学幻想作家必须设想有朝一日我们能运动得比光还快。这些作家中的大多数似乎并未意识到，如果你能运动得比光还快，那么相对论意味着，你就能向时间的过去运动，正如以下五行打油诗描写的那样：

　　有位年轻小姐名怀特，

　　她行走比光还快得多。

　　她以相对性的方式，

　　在当天刚刚出发，

　　却已于前晚到达。

关键在于，相对论认为不存在让所有观察者都同意的唯一的时间测量。相反地，每位观察者各有自己的时间测量。如果一枚火箭能以低于光的速度从事件A（譬如2012年奥林匹克竞赛的百米决赛）旅行至事件B（譬如，比邻星议会第100,004届会议的开幕式），那么根据所有观察者的时间，他们都同意事件A发生于事件B之前。然而，假定飞船必须以超过光的速度旅行才能把竞赛的消息送到议会。那么，以不同速度运动的观察者关于事件A和事件B何为前何为后将会众说纷纭。按照一位相对于地球静止的观察者的时间，议会开幕也许是在竞赛之后。这样，这位观察者会认为，如果只要不理会光速限制的话，飞船就能及时地从A赶到B。然而，在比邻星上在离开地球方向以接近光速飞行的观察者就会觉得事件B即议会开幕式，先于事件A即百米决赛发生。相对论告诉我们，对于以不同速度运动的观察者，物理定律显得是完全相同的。

这已被实验很好地检验过。即使我们找到更高级的理论去取代相对论，它很可能仍然会被作为一个特性保留下来。这样，运动的观察者会说，如果超光速旅行是可能的，就应该可能从事件B即议会开幕式，赶到事件A即百米决赛。如果他运动得更快一些，他甚至还来得及在赛事之前赶回，并在确知谁会是赢家的情形下投放赌金。

要打破光速壁垒存在一些问题。相对论告诉我们，飞船的速度越接近光速，需要对它加速的火箭功率就必须越来越大。对此我们已有实验的证据，但不是航天飞船的经验，而是在诸如费米实验室或者欧洲核子研究中心的粒子加速器中的基本粒子的经验。我们可以把粒子加速到光速的99.99％，但是不管我们注入多少功率，我们都不可能把它们加速到超过光速壁垒。航天飞船的情形也是类似的：不管火箭有多大功率，也不可能把飞船加速到光速以上。

这样看来，快速空间旅行和逆时旅行似乎都不可行了。然而，可能还有办法。我们也许可以把时空卷曲起来，使得A和B之间有一近路。在A和B之间创生一个虫洞就是一个法子。顾名思义，虫洞就是一个时空细管，它能把两个相隔遥远的几乎平坦的区域连接起来。

在几乎平坦的背景中虫洞两个端点之间的分离和通过虫洞本身的距离之间没有什么必要关系。这样，我们可以想象，他可以创造或者找到一个从太阳系附近通到比邻星的虫洞。虽然在通常的太空中地球和比邻星相隔二十万亿英里，而通过虫洞的距离却可以区区几百万英里。这就允许百米决赛的消息赶在议会开幕式时到达。接着一位前往地球旅行的观察者还能够找到另一个虫洞，使他能够从比邻星在议会开幕时出发，在赛事开始前返回到地球。这样，虫洞正如超光速旅行的任何其它可能的方式一样，允许我们逆时旅行。

时空不同区域之间的虫洞的思想并非科学幻想作家的发明，它的起源是非常令人尊敬的。

1935年爱因斯坦和纳珍·罗森写了一篇论文。在该论文中，他们指出广义相对论允许他们称之为"桥"，而现在称为虫洞的东西。爱因斯坦—罗森桥不能维持得足够久，使得航天飞船来得及穿越：当虫洞掐断时，飞船会撞到奇点上去。然而，有人提出，一个先进的文明可能使虫洞维持开放。可以这么做，也可以把时空以其它方式卷曲，使它允许时间旅行，人们可以证明，这需要一个负曲率的时空区域，如同一个马鞍面。通常的物质具有正能量密度，它赋予时空以正曲率，如同一个球面。这样，为了使时空卷曲成允许逆时旅行的样子，我们所需要的是负能量密度的物质。

能量有点像金钱：如果你有正的余额，就可以用不同方法分配，但是根据20世纪初相信的经典定律，你不允许透支。因此，这些经典定律排除了时间旅行的任何可能性。然而，正如在前面几章描述的，以不确定性原理为基础的量子定律已经超越了经典定律。量子定律更慷慨些，只要你总的余额是正的，你就允许从一个或两个账号透支。换言之，量子理论允许在一些地方的能量密度为负，只要它可由别处的正的能量密度所补偿，使得总能量保持为正的就可以了。所谓的卡西米尔效应就是量子理论能允许负能量密度的一个例子。正如我们在第七章看到的，甚至我们认为是"空虚的"空间也充满了虚的粒子和反粒子对，它们一起出现，相互分离，再返回一起，并且相互湮灭。现在，假定我们有两片距离很近的平行金属板。金属板对于虚光子或光的粒子起着类似镜子的作用。事实上，在它们之间形成了一个空腔，它有点像风琴管，只在指定的音阶上共鸣。这意味着，只有当平板间的距离是虚光子波长（相邻波峰之间的距离）的整数倍时，这些虚光子才会发生在平板之中的空间。如果空腔的宽度是波长的整数倍再加上部分波长，那么在平板之间前后反射多次后，一个波的波峰就会和另一个的波谷重合，这样波就被抵消了。

因为平板之间的虚光子只能具有共振的波长，所以虚光子的数目比在平板之外区域的要略少些，那是因为在平板之外的虚光子可以具有任意波长。这样，撞击在平板内表面的虚光子比外表面的略少一些。因此，我们可以预料到这两片平板遭受到将它们向里挤的力。实际上我们已经测量到这种力，并且和预言的值相符。这样，我们得到了虚粒子存在并具有实在效应的实验证据。

在平板之间存在更少虚光子的事实意味着，它们的能量密度比它处更小。但是在远离平板的"空虚的"空间的总能量密度必须为零，因为否则的话，能量密度会把空间卷曲起来，而不会是几乎平坦的。这样，如果平板间的能量密度比远处的能量密度更小，它就必须为负的。

这样，我们对以下两种现象都获得了实验的证据。第一，从日食时的光线偏折得知，时空可以被卷曲。第二，从卡西米尔效应得知，时空可被弯曲成允许时间旅行的方式。所以，我们也许希望，随着科学技术的推进，我们最终能够设法造出时间机器。但是，如果这样的话，为什么从未有过来自未来的人回来告诉我们如何实现呢？鉴于我们现在处于初级发展阶段，也许有充分理由认为，让我们分享时间旅行的秘密是不明智的。除非人性得到彻底改变，非常难以相信，某位从未来飘然而至的访客不会贸然泄漏天机。当然，有些人会宣称，目睹UFO就是要么外星人，要么来自未来的人们来访我们的证据。（如果外星人在合理的时间内到达此地，他们则需要超光速旅行，这样两种可能性其实是等同的。）

然而，我认为，任何外星人或者来自未来的人的造访应该是更明显得多，或许更加令人不悦得多。如果他们全然有意显灵的话，为何只对那些被认为不太可靠的证人进行？如果他们试图警告我们大难临头，这样做也不是非常有效的。

我们用以下的方法可能是一种解释，为何未曾有过来自未来的访客。我们说过去是固定的，那是因为我们观察了过去，并且发现，并不存在允许从未来旅行返回的需要的那类卷曲。另一方面，未来是未知的开放的，所以不妨拥有需要的曲率。这意味着，任何时间旅行都被限制于未来。此时此刻，柯克船长和"进取号"星舰没有机会来临。

这也许可以解释得了，当今世界为何还没有充斥着来自未来的游客。但是如果有人能够回到以前并改变历史，则引起了无法回避的问题。例如，假定你回到过去并且将你的曾曾祖父在他仍为孩童时杀死。这类佯谬有许多版本，但是它们在根本上都是等效的：如果一个人可以自由地改变过去，则他就会遇到矛盾。

看来可能有两种方法解决由时间旅行导致的佯谬。我把一种称为协调历史方法。它是讲，当时空被卷曲得甚至可能旅行到过去时，在时空中发生的必须是物理定律的协调的解。根据这个观点，除非历史表明，你曾经到达过去，而且当时并没有杀死你的曾曾祖父或者没有干过和你的现状相冲突的任何事，你才能在时间中回到过去。此外，当你真的回到过去，你不能改变历史记载。那表明你并没有自由意志为所欲为。当然，人们可以说，自由意志反正是虚幻的。如果确实存在一个制约万物的完备的统一理论，它大概也应该决定你的行动。但是对于像人这么复杂的机体，其制约和决定方式是不可能计算出来的。我们之所以说人们具有意志，乃在于我们不能预测他或她的未来行为。然而，如果一个人乘航天飞船航行并在出发之前就已经回返，我们就将能预测其未来行为，因为那将是历史记载的一部分。这样，在这种情形下，时间旅行者没有自由意志。

解决时间旅行的其它可能的方法可称为选择历史假说。其思想是，当时间旅行者回到过去，他就进入和历史记载不同的另外历史中去。这样，他们可以自由地行动，不受和原先的历史相一致的约束。史蒂芬·斯皮尔伯格十分喜爱影片《回到未来》中的创意：玛提·马克弗莱能够回到过去，而且把他双亲恋爱的历史改得更令人满意。

听起来，选择历史假说和理查德·费恩曼把量子理论表达成历史求和的方法相类似，这已在第四章和第八章描述过。这是说宇宙不仅仅有一个单独历史，它有所有可能的历史，每一个历史都具有自己的概率。然而，在费恩曼的设想和选择历史之间似乎存在一个重要的差别。在费恩曼求和中，每一个历史都是由完整的时空和其中的万物组成的。时空可以被卷曲成可能乘火箭旅行到过去。但是火箭要留在同一时空并因此在同一历史中，而历史必须是协调的。这样，费恩曼的历史求和设想似乎支持协调历史假说，而不支持选择历史假说。

费恩曼历史求和确实允许在微观的尺度下旅行到过去。我们在第九章看到，科学定律在CPT联合作用下不变。这表明，一个在反时针方向自旋并从A运动到B的反粒子还可以被认为是在顺时针方向自旋并从B运动回A的通常粒子。类似地，一个在时间中往未来运动的通常粒子等价于在时间中往过去运动的反粒子。正如在本章以及第七章讨论过的，"空虚的"空间中充满了虚的粒子和反粒子对，它们一道出现、分离，然后回到一块，并且相互湮灭。

这样，我们可以把这对粒子认为是在时空中沿着一个闭合圈环运动的单独粒子。当这粒子在时间中向未来运动时（从它出现的事件出发到达它湮灭的事件），它被称为粒子。但是，当粒子在时间中往过去运动时（从对湮灭的事件出发到达它出现的事件），可以说成反粒子在时间中向未来运动。

我们可以这样解释黑洞如何能够发射粒子并辐射的（见第七章），虚的粒子／反粒子对中的一个成员（譬如反粒子）可能落到黑洞中去，另一个失去和它湮灭的伙伴的成员留了下来。这个被抛弃的粒子也可以落入黑洞，但它也可以从黑洞的邻近挣脱。如果这样的话，对于一位远处的观察者而言，它就显得是从黑洞发射出的一个粒子。

然而，我们对于黑洞辐射的机制可有不同的却是等价的直观图象。我们可以把虚对中的那个落入黑洞的成员（譬如反粒子）看成从黑洞出来的在时间中往过去运动的粒子。当它到达虚粒子／反粒子对一道出现的那一点，它被引力场散射成从黑洞逃脱的在时间中向未来运动的粒子。相反地，如果虚对中的粒子成员落入黑洞，我们也可以认为它是从黑洞出来的在时间中往过去运动的反粒子。这样黑洞辐射表明，量子理论在微观尺度上允许在时间中往过去运动，而且这种时间旅行能产生可观测的效应。

因此产生这样的问题：量子理论在宏观尺度上允许时间旅行吗？这是我们能够利用的。初看起来，它应该是能够的。费恩曼历史求和的设想是指对所有的历史进行的。这样，它应包括这种历史，在它们中时空被卷曲至允许往过去旅行的程度。那么，为什么我们并没有受到历史的骚扰？例如，假定有人回到了过去，并把原子弹秘密提供给纳粹？

如果我称作时序防卫猜测成立的话，这些问题便可以避免。它是讲，物理学定律共谋防止宏观物体将信息传递到过去。它正如宇宙监督猜测一样，还未被证明，但是有理由相信它是成立的。

相信时序防卫有效的原因是，当时空被卷曲至可以旅行到过去时，在时空中的闭合圈环上运动的虚粒子，能够变成在时间前进的方向上以等于或者低于光速的速度运动的实粒子。由于这些粒子可以任意多次地围绕着圈环运动，它们许多次地通过路途中的每一点。这样，它们的能量被反复不断地计入，使能量密度变得非常大。这会赋予时空以正的曲率，因而不允许旅行到过去。这些粒子会引起正的还是负的曲率，或者由某种虚粒子产生的曲率是否抵消别种粒子产生的，仍然不清楚。这样，时间旅行的可能性仍然未决。但是我不准备为之打赌，我的对手或许具有通晓未来的不公平的优势。

# 第 11 章
# 物理学的统一

正如在第一章中所解释的，一蹴而就地建立一个宇宙中万物的完备的统一理论极为困难。取而代之，我们在寻求描述有限范围事体的部分理论上取得了进步，这时我们忽略了其它效应，或者用一定的数字来近似表示它们（例如，在化学里，我们计算原子间的相互作用时，可以不必了解原子核的内部结构）。然而，我们最终希望找到一个完备的、协调的统一理论，它将所有这些部分理论都当做它的近似，并且该理论不需要为了去符合事实，而对某些任意的数选取数值。寻找这样的一个理论被称为"物理学的统一"。爱因斯坦耗费晚年的大部分光阴寻求一个统一理论，可惜没有成功。因为我们尽管拥有了引力和电磁力的部分理论，但关于核力的知识还很可怜，所以时机还未成熟。此外，尽管他本人对量子力学的发展起过重要的作用，但他拒绝相信其真实性。不过，不确定性原理似乎是我们生活其中的宇宙的一个基本特征。因此，一个成功的统一理论必须将这个原理结合进去。

正如我将要描述的，由于我们对宇宙知道得这么多，现在找到这样一个理论的前景似乎要好得多了。但我们必须小心，不要过分自信——我们以往有过对成功的错误的期望！例如，在20世纪初，人们曾经以为，按照诸如弹性和热传导之类的连续物质的性质就可以解释世界万物。原子结构和不确定性原理的发现使之彻底破产。然后又有一次，1928年物理学家诺贝尔奖获得者马克斯·玻恩告诉一群来哥廷根大学的访问者："我们所知的物理学将在6个月内结束。"他的信心是基于狄拉克新近发现的制约电子的方程。人们认为质子——这个当时仅知的另一种粒子——服从类似的方程，并且那将会是理论物理的终结。然而，中子和核力的发现对此却是当头一棒。即便讲到这些，我仍然相信，有理由谨慎地乐观，现在我们也许已经接近探索自然终极定律的尾声。

在前几章中，我描述了广义相对论即引力的部分理论和制约弱力、强力和电磁力的部分理论。这后三种理论可以合并成为所谓的大统一理论（GUT）。这个理论并不令人非常满意，因为它没有包括引力，并且包含不能从理论预言，而必须人为选择以便与观测符合的一些量值，譬如不同粒子的相对质量，等等。要找到一个将引力和其它力统一的理论，主要困难在于广义相对论是一个"经典"理论；也就是说，它没有将量子力学的不确定性原理结合进去。另一方面，其它的部分理论却以非常基本的形式依赖于量子力学。因此，第一步必须将广义相对论和量子力学结合在一起。正如我们已经看到的，这能产生一些非凡的推论，例如黑洞不是黑的，宇宙没有任何奇点，是完全自足的，并且没有边界。正如第七章解释的，麻烦在于，不确定性原理意味着甚至"空虚的"空间也充满了虚的粒子和反粒子对，

这些粒子具有无限的能量，因此由爱因斯坦的著名方程 $E=mc^2$
得知，这些粒子具有无限的质量。这样，它们的引力吸引就会将
宇宙卷曲到无限小的尺度。

　　在其它部分理论中也发生似乎荒谬的无限大，这些情形和
前面相当类似。但是，所有这些情形下的无限大都可用所谓重
正化的过程消除掉。这牵涉到引入其它的无限大去消除这些无
限大。虽然这个技巧在数学上颇为可疑，但在实际上似乎确实
行得通，并用来和这些理论一起做出预言，这些预言极其精确
地和观测一致。然而，从企图找到一个完备理论的观点看，由于
不能从理论中预言，而相反地为了适合观测，我们必须选择质
量和力的强度的实际值，因此重正化确实具有一个严重的缺陷。

　　在试图将不确定性原理结合到广义相对论时，只有两个量
可供调整：引力强度和宇宙常数的值。但是调整它们不足以消
除所有的无限大。因此，人们得到一个理论，它似乎预言了诸如
时空的曲率的某些量真的是无限大，但是观察和测量表明它们
是完全有限的！人们对于在合并广义相对论和不确定性原理的
这个问题怀疑了一段时间，不过最终于1972年被仔细的计算所
确认。4年之后，人们提出了所谓"超引力"的可能的解决方案。
它的思想是将携带引力的自旋为2称为引力子的粒子和某些其
它具有自旋为3/2、1、1/2和0的粒子结合在一起。在某种意义
上，所有这些粒子可认为是同一"超粒子"的不同侧面。这样就
将自旋为1/2和3/2的物质粒子和自旋为0、1和2的携带力的粒
子统一起来了。自旋1/2和3/2的虚粒子/反粒子对具有负能量，

因此抵消了自旋为 2、1 和 0 的虚粒子对的正能量。这就对消了许多可能的无限大，但是人们怀疑，仍然可能保留了某些无限大。人们需要找出是否还遗存下未被抵消的无限大。然而，这计算是如此之冗长和困难，以至于没人准备着手去进行。即使使用一台计算机，预料至少要用四年时间，而且非常可能犯至少一个或更多错误。这样，只有其他人重复计算，并得到同样的答案，我们才能判断已取得了正确的答案，但这似乎是不太可能的！

尽管这些问题，尽管超引力理论中的粒子似乎与观察到的粒子不相符合的这一事实，但大多数科学家仍然相信，超引力可能是对于物理学统一问题的正确答案。看来它是将引力和其它力统一起来的最好办法。然而，1984 年人们的看法显著改变，他们更喜欢所谓的弦论。在这些理论中，基本的对象不再是只占空间单独的点的粒子，而是只有长度而没有其它维度，像是一根无限细的弦的东西。这些弦可以有端点（所谓的开弦），或它们可以自身首尾相接成闭合的圈子（闭弦）。一个粒子在每一时刻占据空间的一点。这样，它的历史可以在时空中用一根线表示（"世界线"）。另一方面，一根弦在每一时刻占据空间的一根线。这样它在时空里的历史是一个叫作世界片的二维的表面。（在这种世界片上的任一点都可用两个数来描述：一个指明时间，另一个指明这一点在弦上的位置。）一根开弦的世界片是一条带子：它的边缘代表弦的端点通过时空的路径（图 11.1）。一根闭弦的世界片是一个圆柱或一个管（图 11.2）：一个管的截面是一个圈，它代表在一特定时刻的弦的位置。

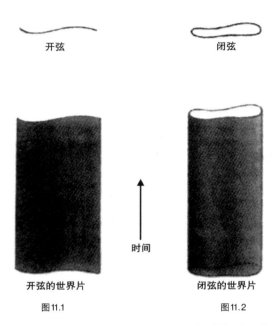

图11.1　　　　　　　　　　　　　　图11.2

　　两根弦可以连接在一起，形成一根单独的弦；在开弦的情形下只要将它们端点连在一起即可（图11.3）。在闭弦的情形下，像是两条裤腿合并成一条裤子（图11.4）。类似地，一根单独的弦可以分成两根弦。在弦论中，原先以为是粒子的东西，现在被描绘成在弦里行进的波动，如同振动着的风筝的弦上的波动。一个粒子被另一个粒子发射出来或者吸收进去对应于弦的分裂或合并在一起。例如，在粒子理论中，太阳作用在地球上的引力被描写成是由如下过程引起的，由太阳上的一个粒子发射的一个引力子被地球上的一个粒子吸收（图11.5）。在弦论中，这个过程对应于一个H形状的管（图11.6）（在某种方面，弦论有点像管道工程）。H的两个垂直的边对应于太阳和地球上的粒子，而水平的横杠对应于在它们之间旅行的引力子。

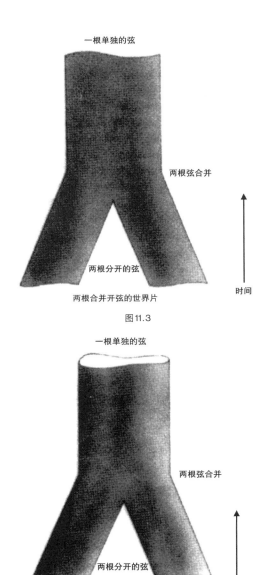

一根单独的弦

两根弦合并

两根分开的弦

时间

两根合并开弦的世界片

图11.3

一根单独的弦

两根弦合并

两根分开的弦

时间

两根合并闭弦的世界片

图11.4

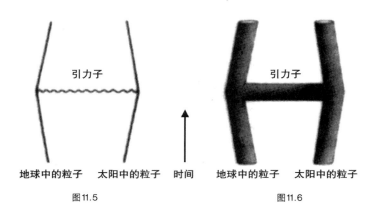

图11.5                                     图11.6

弦论有一个古怪的历史。它原先是20世纪60年代后期被发明出来，以试图找到描述强力的理论。其思想是，诸如质子和中子这样的粒子可被认为是一根弦上的波。这些粒子之间的强力对应于连接其它一些弦之间的弦的片段，如同在蜘蛛网中一样。这弦必须像具有大约十吨拉力的橡皮带那样，该理论才能给出粒子之间强力的观察值。

1974年，巴黎的朱勒·谢尔克和加州理工学院的约翰·施瓦兹发表了一篇论文，指出弦论可以描述引力，只不过其张力要大得多得多，大约是一千万亿亿亿亿（1后面跟39个0）吨。在通常尺度下，弦论和广义相对论的预言是相同的，但在非常小的尺度下，比十亿亿亿亿分之一（1厘米被1后面跟33个0除）厘米更小时，它们就不一样了。然而，他们的工作并没有引起很大的注意，因为大约正是那时候，大多数人抛弃了原先的强作用力的弦论，而倾心于基于夸克和胶子的理论，后者似乎和观测符合得较好。谢尔克死得很惨（他受糖尿病折磨，因周围没人给他注射胰岛素而昏迷死去）。这样一来，施瓦兹几乎成为弦论的唯一支持者，只不过现在设想的弦张力要大得多而已。

1984年，由于两个明显的原因，人们对弦论的兴趣突然复活。一个原因是，在证明超引力是有限的以及解释我们观测到的粒子的种类方面，人们未能真正取得多少进展。另一个原因是，约翰·施瓦兹和伦敦玛丽女王学院的迈克·格林发表的一篇论文指出，弦论可以解释内禀左手性的粒子的存在，正如我们观察到的一些粒子那样。不管什么原因，更多的人很快开始研究弦论，而且发展了所谓杂化弦的新形式，这种形式似乎能够解释我们观测到的粒子类型。

弦论也导致无限大，但是人们认为，它们在一些诸如杂化弦的形式中都会被消除掉（虽然这一点还未被确认）。然而，弦论有更大的问题：似乎如果时空是十维或二十六维的，而不是通常的四维时它们才是协调的！当然，额外的时空维度的确是科学幻想的老生常谈；它们提供了克服广义相对论的通常限制的理想方法，即我们不能行进得比光更快或者旅行到过去的限制（见第10章）。其思想是穿过更高的维度抄近路。你可用以下方法描绘这一点。想象我们生活的空间只有二维，并且弯曲成像一个锚圈或环的表面（图11.7）。如果你处在这环的内缘的一边，而要到内缘的另一边的一点去，你必须沿着环的内缘走。然而，你如果允许在第三维空间里旅行，你可以直接穿越过去。

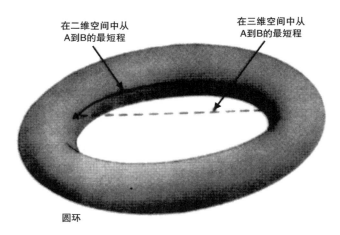

在二维空间中从
A到B的最短程

在三维空间中从
A到B的最短程

圆环

图11.7

　　如果这些额外的维度确实存在，为什么我们全然没有觉察到它们呢？为何我们只看到三个空间维度和一个时间维度呢？人们的看法是，其它的维度被弯卷到非常小的尺度 — 大约为一百万亿亿亿分之一英寸的空间，我们根本无从觉察这么小的尺度：我们只能看到一个时间维度和三个空间维度，在这些维度中时空是相当平坦的。这正如一根吸管的表面。如果你近看它，就会发现它是二维的（要用两个数来描述吸管上的点，一个是沿着吸管的长度，另一个是围绕着圆周方向的距离）。但是，当你远看它时，你看不出它的粗细，而它就显得是一维的（只用沿吸管的长度来指明点的位置）。对于时空亦是如此：在非常小的尺度下，时空是十维的，并且是高度弯曲的，但是在更大的尺度下，你看不见曲率或者额外的维度。如果这个图象是正确的，对于未来的太空旅行者而言可是个坏消息：额外的维度实在是太小了，根本不允许航天飞船通过。然而，它引起了另一个重要问题。为何一些而非所有的维度都被卷曲成一个小球？据推测，也许在宇宙的极早期，所有的维度都曾经非常弯曲过。那么，为何一维时间和三维空间被摊平开来，而其它维度仍然紧紧地卷曲着？

人存原理可能提供了一个答案。两个空间维度似乎不足以允许像我们这么复杂的生命的发展。例如，在一维地球上生活的二维动物，为了相互通过，就必须一个爬到另一个之上。如果二维动物吃某种东西时不能将之完全消化，则它必须将其残渣从吞咽食物的同样通道吐出来，因为如果有一个穿通全身的通道，它就将这生物分割成两个分开的部分：我们的二维动物就解体了（图11.8）。类似地，很难看出在二维动物身上何以实现任何血液循环。

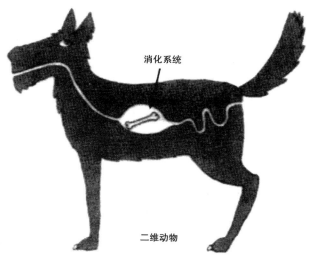

消化系统

二维动物

图11.8

多于三个空间维度也有问题。两个物体之间的引力将随距离衰减得比在三维空间中更快（在三维空间内，如果距离加倍，则引力减少到四分之一。在四维空间减少到八分之一，在五维空间减少到十六分之一，等等）。其意义在于使类似地球这样的，围绕着太阳的行星的轨道变得不稳定：地球偏离圆周轨道的（比如由于其它行星的引力吸引引起的）最小微扰都会使它以螺旋线的轨道向外离开或向内落到太阳上去。我们就会要么被冻僵，要么被烧死。事实上，在维数多于三维的空间中，引力随距离变化的同样行为意味着，太阳不可能存在于压力和引力相平衡的稳定的状态下，它要么被四分五裂，要么坍缩形成一个黑洞。在任一种情况下，对地球上的生命而言，它作为热和光的来源，都没有多大用处。在较小尺度下，原子里使电子围绕着原子核公转的电力行为正和引力一样。这样，电子要么全部从原子逃逸出去，要么沿螺旋线的轨道落到原子核上去。在任一种情形下，都不存在我们知道的原子。

看来很清楚，至少如我们所知的生命只能存在于一维时间和三维空间没被卷曲得很小的时空区域里。这意味着，只要我们可以证明弦论确实至少允许存在宇宙的这样的区域——似乎弦论确实能做到这一点，则我们可以求助弱人存原理。很可能也存在宇宙的其它区域或其它宇宙（不管那是什么含义），那里所有的维度都被卷曲得很小，或者多于四维的维度几乎是平坦的，但是在这样的区域里，不会有智慧生物去观察这不同数目的有效维数。

　　另一个问题是至少存在四种不同的弦论（开弦和三种不同的闭弦的理论），以及由弦论预言的额外维的数以百万计的卷曲方式。为何自然只挑选一种弦论和一种卷曲方式？这问题一度似乎没有答案，因而无法向前进展。后来，大约从1994年开始，人们开始发现所谓的对偶性：不同的弦论以及额外维的不同卷曲方式会导致在四维时空中的同样结果。不仅如此，正如在空间中占据单独一点的粒子，也像在空间中线状的弦，还发现存在另外称作$p$膜的东西，它在空间中占据二维或更高维的体积。（粒子可认为是0膜，而弦为1膜，但是还存在$p$从2到9的$p$膜。）这似乎表明，在超引力、弦以及$p$膜理论中存在某种民主：它们似乎和平相处，没有一种比另一种可以说是更基本。看起来，它们是对某种基本理论的不同近似，这些近似在不同的情形下成立。

　　人们探索了这个基本理论，但是迄今毫无成就。正如哥德尔证明的，不可能按照单独的一族公理系统来表述算术。我相信这里的情形不可能比它更好，基本理论不可能存在单独的表述。相反地，它也许和地图类似：你不可能只用一张单独的地图去描述地球或者锚圈的表面：在地球的情形下，你至少需要两张地图去覆盖每一点，而在锚圈的情形下，则需要四张。每张地图只对一个有限的区域有效，但是不同的地图有一个交叠的区域。整族地图就为该表面提供了完整的描述。类似地，在物理学中对不同的情形需要使用不同的表述，但是两种不同表述在它们都适用的情形下要相互一致。整族不同的表述可以被认为是完备的统一理论，尽管它不是依照单独的假设集合表达的理论。

但是，确实存在一个这样的统一理论吗？或许我们仅仅是在追求海市蜃楼。似乎存在三种可能性：

（1）确实存在一个完备的统一理论（或者一族交叠的表述），如果我们足够聪明的话，总有一天会找到它。

（2）并不存在宇宙的终极理论，仅仅存在一个越来越精确地描述宇宙的无限的理论序列。

（3）并不存在宇宙的理论：不可能在一定程度之外预言事件，事件仅以一种随机或任意的方式发生。

有些人会基于以下理由赞同第三种可能性，如果存在一族完备的定律，这将侵犯上帝改变其主意并对世界进行干涉的自由。这有点像那古老的二律背反：上帝能制造一个重到连自己都举不起的石块吗？但是上帝可能要改变主意的这一思想，正如圣·奥古斯丁指出的，是一个想象上帝存在于时间中的虚妄的例子：时间只是上帝创造的宇宙的一个性质。可以设想，当祂创造宇宙时，祂就知道自己所有的企图！

随着量子力学的发现，我们认识到，由于总存在一定程度的不确定性，因此不可能完全精确地预言事件。如果有人愿意，他可以将此随机性归结为上帝的干涉。但这会是一种非常奇怪的干涉：没有任何证据表明它具有任何目的。的确，如果它有目的，则按定义就不是随机的。现在由于我们重新定义科学的目标，所以已经有效地排除了上述的第三种可能性：我们的目的只在于表述一族定律，这些定律能使我们在不确定性原理设定的极限之内预言事件。

第二种可能性，也就是存在一无限的越来越精制的理论序列，是和迄今为止我们的经验相符合的。我们在许多场合提高了测量的灵敏度，或者进行了新类型的观测，只是为了发现还没被现有理论预言的新现象，为了解释这些，我们必须发展更高级的理论。这一代的大统一理论预言：在大约一百吉电子伏的弱电统一能量和大约一千万亿吉电子伏的大统一能量之间，没有什么本质上新的现象发生。因此，如果这个预言是错的话，我们并不会感到非常惊讶。我们的确可以预期发现一些新的比夸克和电子 —— 这些我们目前以为是"基本"粒子 —— 更基本的结构层次。

然而，引力似乎可以为这个"盒子套盒子"的序列设下极限。如果我们有一个能量比一千亿亿（1后面跟19个0）吉电子伏的所谓普朗克能量更高的粒子，它的质量就会集中到如此的程度，它会脱离宇宙的其它部分，而形成一个小黑洞。这样看来，当我们往越来越高的能量去的时候，越来越精制的理论序列确实应当有某一极限，因此必须存在宇宙的终极理论。当然，普朗克能量离开大约一百吉电子伏 —— 目前在实验室中所能产生的最大的能量 —— 非常遥远，我们不可能在可见的未来用粒子加速器填补其间的差距！然而，宇宙的极早期阶段是这样大的能量必定发生过的舞台。我以为，早期宇宙的研究和数学协调性的要求，很有可能会导致当今我们周围的某些人在有生之年获得一个完备的统一理论。当然，这一切都是首先假定我们首先不使自身毁灭的前提下而言的。

　　如果我们确实发现了宇宙的终极理论，这意味着什么？正如在第一章中解释的，因为理论不能被证明，我们将永远不能肯定，我们是否确实找到了正确的理论。但是如果理论在数学上是协调的，并且总是给出与观察一致的预言，我们便可以合理地相信它是正确的。它将给人类理解宇宙的智力斗争长期而光辉的历史篇章打上一个休止符。但是，它还会变革常人对制约宇宙定律的理解。在牛顿时代，一个受教育的人至少可能在梗概上掌握整个人类知识。但从那以后，科学发展的节奏使之不再可能。因为理论总是被改变以解释新的观察结果，它们从未被正确地消化或简化到使常人能够理解。你必须是一个专家，即使如此，你也只能有望正确地掌握科学理论的一小部分。此外，其进步的速度如此之快，我们在中学和大学所学的总是有点过时。只有少数人可以跟得上知识快速进步的前沿，而他们必须贡献毕生，并局限在一个小的领域里。其余的人对于正在进行的发展或者它们产生的激动只有很少的概念。七十年前，如果爱丁顿的话是真的，那么只有两个人理解广义相对论。今天，成千上万的大学生能理解，并且几百万人至少熟悉这个思想。如果我们发现了一个完备的统一理论，以同样方法将其消化并简化，并且在学校里至少讲授其梗概，这只是时间的迟早问题。我们那时就都能够对制约宇宙，并导致我们存在的定律有所理解。

　　即使我们的确发现了一个完备的统一理论，由于两个原因，这并不表明我们能够一般地预言事件。第一是量子力学不确定性原理给我们的预言能力设立的限制。对此我们无法克服。然而，在实际上更为严厉的是第二个限制。它是由以下事实引起的，除了在非常简单的情形下，我们不能准确解出这理论的方程。（在牛顿引力论中，我们甚至连三体运动问题都不能准确地解出，而且随着物体的数目和理论复杂性的增加，困难愈来愈大。）除了在最极端条件下之外，我们已经知道规范物体在所有条件下的行为的定律。特别是，我们已经知道作为所有化学和生物基础的基本定律。我们肯定还没有将这些学科归结为可解问题的状态：到现在为止，我们在根据数学方程来预言人类行为上成果寥寥！所以，即使我们确实找到了基本定律的完备集合，在未来的岁月里，我们仍面临着在智慧上挑战性的任务，那就是要发展更好的近似方法，使得在复杂而现实的情形下，能作出对可能结果的有用预言。一个完备的协调的统一理论只是第一步：我们的目标是完全理解发生在我们周围的事件以及我们自身的存在。

# 第 12 章
## 结论

我们发现自己处于令人困惑的世界中。我们要理解周围所看到的一切的含义，并且询问：宇宙的本性是什么？我们在其中的位置如何，以及宇宙和我们从何而来？宇宙为何是这个样子？

我们试图采用某种"世界图"来回答这些问题。如同一个无限的乌龟塔背负平坦的地球是这样的图象一样，超弦理论也是一种图象。虽然后者比前者更数学化，更准确得多，但两者都是宇宙的理论。两个理论都缺乏观测的证据：从来没有人看到过一个背负地球的巨龟，另一方面，也没有人看到过超弦。然而，龟理论作为一个好的科学理论是不够格的，因为它预言了人会从世界的边缘掉下去。除非结果它可以用来解释人们在百慕大三角消失的传说，否则发现这个理论和经验不一致！

最早在理论上企图描述和解释宇宙的企图牵涉到这样一种思想：具备人类情感的神灵控制着事件和自然现象，它们的行为和人类非常相像，并且是不可预言的。这些神灵栖息在自然物体，诸如河流、山岳以及包括太阳和月亮这样的天体之中。我们必须向它们祈祷并供奉，以保证土壤肥沃和四季循环。然而，人们逐渐注意到一些规律：太阳总是东升西落，而无论我们是否向太阳神供奉牺牲。此外，太阳、月亮和行星沿着可事先被预言得相当准确的轨道穿越天穹。太阳和月亮仍然可以是神祇，只不过是服从严格定律的神祇。如果你不将约书亚停止太阳运行之类的神话信以为真，则这一切显然是毫无例外的。

最初，只有在天文学和其它一些情形下，这些规则和定律才是显而易见的。然而，随着文明的发展，特别是近三百年间，越来越多的规律和定律得以发现。这些定律的成功，使得拉普拉斯在 19 世纪初提出科学的决定论；也就是他建议的，存在一族定律，只要给定宇宙在某一时刻的位形，这些定律就会精确决定宇宙的演化。

拉普拉斯的决定论在两个方面是不完整的：它没讲应该如何选择定律，也没指定宇宙的初始位形。他将这些都留给了上帝。上帝会选择让宇宙如何开始并要服从什么定律，但是一旦开始之后，上帝将不再干涉宇宙。事实上，上帝被局限于 19 世纪科学不能理解的领域里。

我们现在知道，拉普拉斯对决定论的希望，至少按照他所想的方式，是不能实现的。量子力学的不确定性原理意味着，某些成对的量，比如粒子的位置和速度，不能同时被完全精确地预言。量子力学通过一类量子理论来处理这种情形，在这些理论中，粒子没有精确定义的位置和速度，而是由一个波来表示。这些量子理论给出了波随时间演化的定律，在这种意义上，它们是确定性的。于是，如果我们知道某一时刻的波，我们便可以计算出任一时刻的波。只是当我们试图按照粒子的位置和速度对波做解释的时候，不可预见的随机的元素才出现。但那也许是我们的错误：也许不存在粒子的位置和速度，只有波。只不过是我们企图将自己关于位置和速度的先入为主的观念硬套到波之上而已。由此导致的不协调乃是表观上不可预见性的原因。

事实上，我们已经将科学的任务重新定义为，发现能使我们在由不确定性原理设定的界限内预言事件的定律。然而，还遗留如下问题：如何或者为何选取宇宙的定律和初始状态？

在本书中，我特地突出制约引力的定律，因为正是引力使宇宙的大尺度结构成形，即使它是四类力中最弱的一种。引力定律和直到相当近代还为人深信的宇宙在时间中不变的观念不相协调：引力总是吸引，这一事实意味着，宇宙的演化方式两者必居其一，要么正在膨胀，要么正在收缩。按照广义相对论，宇宙在过去某一时刻肯定有过一个无限密度的状态，亦即大爆炸，这是时间的有效起始。类似地，如果整个宇宙坍缩，在将来必有另一个无限密度的状态，亦即大挤压，这是时间的终结。即使整个宇宙不坍缩，在任何坍缩形成黑洞的局部区域里都会有奇点。这些奇点正是任何落进黑洞的人的时间终结。在大爆炸和其它奇点，所有定律都崩溃，所以上帝仍然有完全的自由去选择发生了什么以及宇宙如何开始。

当我们将量子力学和广义相对论结合，似乎产生了前所未有的新的可能性：空间和时间一起可以形成一个有限的四维的没有奇点或边界的空间，这正如地球的表面，但具有更多的维度。看来这种思想能够解释宇宙间已观测到的许多特征，诸如它的大尺度一致性，还有包括星系、恒星甚至人类等在小尺度上对此均匀性的偏离。它甚至能解释我们观察到的时间箭头。但是，如果宇宙是完全自足的，没有奇点或边界，并且由一个统一理论来完全描述，那么对上帝作为造物主的作用就有深远的含义。

有一次爱因斯坦问道："在建造宇宙时上帝有多少选择性？"如果无边界假设是正确的，上帝根本就没有选择初始条件的自由。当然，上帝仍有选择宇宙所服从的定律的自由。然而，这也许实在并没有那么多选择性；很可能只有一个或数目很少的完备的统一理论，例如弦论，它们是自洽的，并且允许像人类那样复杂结构的存在，这些结构能够研究宇宙定律并询问上帝的本性。

即使可能只存在一种统一理论，那也只不过是一组规则和方程而已。那么究竟是什么赋予这些方程以活力去制造一个为它们所描述的宇宙呢？通常的建立一个数学模型的科学方法，不能回答为什么应存在一个为此模型所描述的宇宙的问题。为什么宇宙要这么竭力追求存在？难道统一理论如此不可抗拒，非实现其自身不可？或者它需要一个造物主，倘若如此，上帝对宇宙还有其它效应吗？又是谁创造了上帝？

迄今为止，大多数科学家太忙于发展描述宇宙为何物的新理论，以至于没工夫过问为什么。另一方面，以寻根究底为己任的哲学家则跟不上科学理论的进步。在18世纪，哲学家把包括科学在内的整个人类知识当作他们自己的领域，并讨论诸如宇宙有无开端的问题。然而，在19世纪和20世纪，对哲学家或除了一些专家以外的任何人来说，科学变得过于专业性和数学化了。哲学家把质疑范围缩小到如此程度，以至于连维特根斯坦，这位20世纪最著名的哲学家都说道："哲学余下的任务仅是语言分析。"这是从亚里士多德到康德哲学的伟大传统的何等堕落啊！

然而，如果我们确实发现了一个完备的理论，在广泛的原则上，它应该及时让所有人能理解，而不仅只让一些科学家理解。那时我们所有人，包括哲学家、科学家以及普普通通的人，都能参与讨论我们和宇宙为什么存在的问题。如果我们对此找到了答案，则将是人类理性的终极胜利——因为那时我们知道了上帝的精神。

# 阿尔伯特·爱因斯坦

众所周知，爱因斯坦与核弹政治的瓜葛很深：他签署了那封著名的致富兰克林·罗斯福总统的信，说服美国政府认真考虑他的想法，并且他在战后致力于阻止核战争的爆发。但是，这些不仅是一位科学家被拖入政界的孤立行动。事实上，用爱因斯坦自己的话来说，他的一生"被政治和方程平分。"

爱因斯坦最早从事政治活动是在第一次世界大战期间，他正在柏林当教授。由于目睹草菅人命而不胜厌恶，而卷入了反战示威。他拥护非暴力反抗以及公开鼓励人民拒绝服兵役，因而不受他的同事们欢迎。后来，在战时，他又致力于调解和改善国际关系。这也使他不受欢迎，而且他的政治态度很快使他难以访问美国，甚至连讲学都有困难。

爱因斯坦第二个伟大的事业是犹太复国主义。虽然他在血统上是犹太人，但他拒绝接受《圣经》上关于上帝的说法。然而，在第一次世界大战之前和期间，他越发看清反犹主义，这导致他逐渐认同犹太团体，而后成为犹太复国主义直言不讳的拥护者。他再度不受欢迎，但未能阻止他发表自己思想。他的理论受到攻击；甚至有人成立了一个反爱因斯坦的组织。有一个人因教唆他人去谋杀爱因斯坦而被定罪（却只罚了 6 美元）。不过爱因斯坦对此处之泰然。当一本题为《100 个反爱因斯坦的作家》的书出版时，他反驳道："如果我真错了的话，一人反对我就足够了！"

1933 年，希特勒上台了。爱因斯坦正在美国，他宣布不再回德国。后来纳粹冲锋队查抄了他的房子，并没收了他的银行帐号。一家柏林报纸的头条写道："来自爱因斯坦的好消息 — 他不回来了。"面对着纳粹的威胁，爱因斯坦放弃了和平主义，由于担心德国科学家会制造核弹，因而终于建议美国应该发展自己的核弹。不过，甚至在第一枚原子弹起爆之前，他就曾经公开警告过核战争的危险，并提议对核武器进行国际控制。

终其一生，爱因斯坦致力于和平的努力也许很少能延续下来 — 而肯定很多朋友和他分道扬镳。然而，1952 年他收到担任以色列总统的邀请，他对犹太复国主义事业的畅言无忌的支持适时得到承认。但他谢绝了。他说他认为自己在政治上过于天真。可是，也许他真正的理由却并非如此，再次引用他自己的话："方程对我而言更重要些，因为政治是为当前，而方程却是永恒的。"

# 伽利略·伽利雷

　　伽利略可能比任何人都更有资格称为近代科学的奠基人。他的哲学围绕着与天主教会众所周知的冲突，因为伽利略是最早作出如下论断的人之一：人类有望理解世界如何行为，此外我们能通过观察现实世界来做到这一点。

　　伽利略很早就相信哥白尼理论（即行星围绕太阳公转），但只有当他发现了支持这一观念需要的证据后，他才公开支持。他用意大利文写有关哥白尼理论的文章（不用通常的学院式拉丁文），而且他的观点很快就在大学之外得到广泛支持。这惹怒了亚里士多德派的教授们，他们联合起来反对他，并极力说服天主教会禁止哥白尼主义。

　　伽利略为此担心，他赶到罗马去向天主教会当局当面申诉。他争辩道，《圣经》并不试图告诉我们任何科学理论，而且通常都假定，在《圣经》和常识发生矛盾的地方，《圣经》是以寓言的方式叙述的。但是教会害怕这样的丑闻可能破坏它对新教教徒的斗争，所以采取了镇压手段。1616年，天主教会宣布哥白尼主义是"虚假的和错误的"，并饬令伽利略再也不准"保卫或坚持"这一学说。伽俐略被迫服从了。

1623年，伽利略的一位老友成为教皇，伽利略立即试图为1616年的判决翻案。他失败了，但他设法获得了准许，在两个前提下写一本讨论亚里士多德和哥白尼理论的书：他不能有倾向，同时要得出结论，无论如何人都不能确定世界是如何运行的，因为上帝会以人不可想象的方式来达到同样的效果，而人不能限制上帝的万能。

这部题为《关于两大世界体系的对话》的书，于1632年在审查官的全力支持下完成并出版了——并且立刻被全欧洲欢呼为文学和哲学的杰作。不久教皇就意识到，人们把这部书视为拥护哥白尼主义的令人信服的论证，后悔允许该书出版。教皇指出，尽管审查官正式批准出版该书，但伽利略依然违背了1616年的禁令。他把伽利略带到宗教法庭，宣布对他终身软禁，并命令他公开放弃哥白尼主义。伽利略再次被迫服从。

伽利略仍然是一个忠实的天主教徒，但是他对科学独立的信仰从未动摇过。他1642年逝世，之前的4年，当他仍然被软禁时，他的第二部主要著作的手稿被偷运给一个在荷兰的出版商。正是这部被称为《两种新科学》的书，甚至比支持哥白尼更进一步，成为现代物理学的发端。

# 艾萨克·牛顿

　　艾萨克·牛顿是一个不讨人喜欢的人。他在和其他学者的关系上声名狼藉。他在激烈的争吵中度过晚年的大部分时间。随着那部肯定是物理学有史以来最有影响的书—《自然哲学的数学原理》的出版，牛顿很快就成为名重一时的人物。他被任命为皇家学会主席，并成为第一个被授予爵位的科学家。

　　不久，牛顿就与皇家天文学家约翰·弗莱姆斯蒂德发生冲突。他起初曾为牛顿《自然哲学的数学原理》一书提供需要的数据，但后来他却扣压了牛顿需要的资料。牛顿是不许别人说"不"的，他自封为皇家天文台的总管，然后试图强迫弗莱姆斯蒂德立即发表这些数据。最后，他指使弗莱姆斯蒂德的冤家对头爱德蒙·哈雷夺取弗莱姆斯蒂德的工作成果，并且准备出版。可是弗莱姆斯蒂德告上了法庭，在最紧要关头赢得了法庭的判决—不得发行这部剽窃的著作。牛顿被激怒了，作为报复，他在《自然哲学的数学原理》后来的版本中系统地删除了所有来自弗莱姆斯蒂德的引证。

　　他和德国哲学家戈特弗里德·莱布尼茨之间发生了更严重

的争论。莱布尼茨和牛顿各自独立地发展了称作微积分的数学分支，它是大部分近代物理的基础。虽然现在我们知道，牛顿发现微积分要比莱布尼茨早若干年，可是他比莱布尼茨晚很久才出版自己的著作。于是接着发生了关于谁是第一个发现者的大争吵，科学家们激烈地为双方作辩护。然而值得注意的是，大多数为牛顿辩护的文章均出自牛顿本人之手，虽然是只以他朋友的名义出版！当争论日趋激烈时，莱布尼茨犯了向皇家学会起诉来解决争端的错误。牛顿作为其主席，指定一个恰巧清一色的全由牛顿的朋友组成的"公正的"委员会来审查此案！更有甚者，牛顿后来自己写了一个委员会报告，并让皇家学会将其出版，正式地谴责莱布尼茨的剽窃行为。即便如此，牛顿心犹未足，他又在皇家学会的自己杂志上写了一篇匿名的、关于该报告的评论。据报道，莱布尼茨死后，牛顿扬言他为"伤透了莱布尼茨的心"而洋洋得意。

在这两次争吵期间，牛顿已经离开剑桥和学术界。他先在剑桥后在议会曾经积极从事反天主教政治。作为酬报，他终于得到皇家造币厂厂长的肥差。在这里，他以社会上更能接受的方式，施展他那狡狯和刻薄的能耐，成功地导演了一场反对伪币的重大战役，甚至将几个人送上了绞刑架。

# 小辞典

| | |
|---|---|
| 绝对零度 | 可能的最低温度，在此温度下物质没有热能。 |
| 加速度 | 物体速度改变的速率。 |
| 人存原理 | 我们之所以看到宇宙是这个样子，是因为如果它不是这样的话，我们就不会在这里去观察它。 |
| 反粒子 | 每个类型的物质粒子都有相对应的反粒子。当一个粒子和它的反粒子碰撞时，两者就湮灭，只留下能量。 |
| 原子 | 通常物质的基本单元，是由很小的核子（包括质子和中子）构成，电子围绕着这些核子公转。 |
| 大爆炸 | 在宇宙开端处的奇点。 |
| 大挤压 | 在宇宙终结处的奇点。 |
| 黑洞 | 时空的一个区域，那里的引力是如此之强，以至于任何东西，甚至光都不能从该处逃逸出来。 |
| 卡西米尔效应 | 在真空中两片非常靠近的平行的平坦金属板之间的吸引压力。这种压力是由平板之间的空间中的虚粒子的数目比正常减小而引起的。 |

钱德拉塞卡极限　　　一个稳定冷星的可能的最大质量。比这质量更大的恒星必然坍
　　　　　　　　　缩成一个中子量或一个黑洞。

能量守恒　　　　　关于能量（或它的等效质量）既不能产生也不能消灭的科学定律。

坐标　　　　　　　指定时空中一点的位置的一组数。

宇宙常数　　　　　爱因斯坦使用的一个数学手段，它赋予时空一个内裹的膨胀倾向。

宇宙学　　　　　　对整个宇宙的研究。

暗物质　　　　　　在星系、星系团以及可能在星系团之间的物质，这种物质不能
　　　　　　　　　直接被观测到，但是可以根据它的引力效应被检测到，宇宙中
　　　　　　　　　的质量多达90%可能处于暗物质的形式。

对偶性　　　　　　导致相同的物理结果的，表面上不同的理论之间的对应。

爱因斯坦–罗森桥　连接两个黑洞的时空的细管。还请参见"虫洞"。

电荷　　　　　　　粒子的一个性质，由于这性质粒子排斥（或吸引）其它带有相同
　　　　　　　　　（或相反）符号电荷的粒子。

电磁力　　　　　　在带电粒子之间引起的力；它是四种基本力中第二强的力。

电子　　　　　　　带有负电荷并围绕着原子核公转的粒子。

弱电统一能量　　　大约为一百吉电子伏的能量，在比这能量更大时，电磁力和弱
　　　　　　　　　力之间的差别消失。

基本粒子　　　　　被认为不可再分的粒子。

事件　　　　　　　由它的时间和位置所指明的在时空中的点。

| | |
|---|---|
| 事件视界 | 黑洞的边界。 |
| 不相容原理 | 两个相同的自旋为1/2的粒子（在不确定性原理设定的极限之内）不能同时具有相同的位置和速度。 |
| 场 | 某种充满空间和时间的东西，与它相反的是在一个时刻只在一点存在的粒子。 |
| 频率 | 对一个波而言，在一秒内完整循环的次数。 |
| 伽马射线 | 波长非常短的电磁射线，是由放射性衰变或由基本粒子碰撞产生的。 |
| 广义相对论 | 爱因斯坦基于如下思想的理论，即科学定律对所有的观察者，不管他们如何运动，都必须是相同的。它将引力解释成四维时空的曲率。 |
| 测地线 | 两点之间最短（或最长）的路径。 |
| 大统一能量 | 我们相信，在比这个能量更大时，电磁力、弱力和强力之间的差别消失。 |
| 大统一理论（GUT） | 一种统一电磁力、强力和弱力的理论。 |
| 虚时间 | 用虚数测量的时间。 |
| 光锥 | 时空中的面，在上面标出光通过一给定事件的可能方向。 |
| 光秒（光年） | 光在一秒（一年）的时间中走过的距离。 |
| 磁场 | 引起磁力的场，现在和电场合并成电磁场。 |

| | |
|---|---|
| 质量 | 物体中物质的量；它的惯性，或对加速的抵抗。 |
| 微波背景辐射 | 起源于炽热的早期宇宙的辐射，现在它受到如此大的红移，以至于不以光而以微波（波长为几厘米的射电波）的形式呈现出来。 |
| 裸奇点 | 不被黑洞围绕的时空奇点。 |
| 中微子 | 只受弱力和引力影响的极轻的（也许零质量的）粒子。 |
| 中子 | 一种和质子非常类似的但不带电荷的粒子，在大多数原子核中大约一半的粒子是中子。 |
| 中子星 | 由中子之间的不相容原理斥力支持的冷恒星。 |
| 无边界条件 | 宇宙是有限的但是没有边界（在虚时间中）的思想。 |
| 核聚变 | 两个核碰撞并合并形成单独的更重的核的过程。 |
| 核 | 原子的中心部分，只由质子和中子构成。强力将质子和中子束缚在一起。 |
| 粒子加速器 | 一种利用电磁铁，能够对运动的带电粒子加速，给它们更多能量的机器。 |
| 相位 | 对一个波，在特定的时刻在它循环中的位置：一种它是否在波峰、波谷或它们之间的某点的标度。 |
| 光子 | 光的一个量子。 |
| 普朗克量子原理 | 光（或任何其它经典的波）只能以分立的量子被发射或吸收，量子能量与它们的频率成正比，和它们的波长成反比的思想。 |
| 正电子 | 电子的（带正电荷的）反粒子。 |

| | |
|---|---|
| 太初黑洞 | 在极早期宇宙中产生的黑洞。 |
| 比例 | "$X$正比于$Y$"，表示当$Y$被乘以任何数时，$X$也如此；"$X$反比于$Y$"，表示当$Y$被乘以任何数时，$X$被那个数除。 |
| 质子 | 一种和中子非常类似的但带正电荷的粒子，在大多数原子的核中大约一半的粒子是质子。 |
| 脉冲星 | 发射出规则射电脉冲的旋转中子星。 |
| 量子 | 波可被发射或吸收的不可分的单位。 |
| 量子色动力学（QCD） | 描述夸克和胶子相互作用的理论。 |
| 量子力学 | 从普朗克量子原理和海森伯不确定性原理发展而来的理论。 |
| 夸克 | 感受强作用力的（带电的）基本粒子。每一个质子和中子都由三个夸克组成。 |
| 雷达 | 利用脉冲射电波的单独脉冲到达目标并折回的时间间隔来测量对象位置的系统。 |
| 放射性 | 一种类型的原子核自动分裂成其它类型的原子核。 |
| 红移 | 由于多普勒效应，从离开我们而去的恒星发出的光线的红化。 |
| 奇点 | 时空中的一点，在该处时空曲率变得无限大。 |
| 奇点定理 | 这定理是说，在一定情形下奇点必然存在 — 特别是宇宙必然起始于一个奇点。 |
| 时空 | 四维的空间，上面的点是事件。 |

| | |
|---|---|
| 空间维度 | 三个维度中的任何一个维度 — 也就是除了时间维度外的任何维度。 |
| 狭义相对论 | 爱因斯坦的基于如下思想的理论,即科学定律在没有引力现象时,对所有进行自由运动的观察者,无论他们的运动速度如何,都必须相同。 |
| 谱 | 构成一个波的分频率。可以在彩虹中看见太阳谱的可见光部分。 |
| 自旋 | 相关于但不等同于日常的自转概念的基本粒子的内部性质。 |
| 稳态 | 不随时间变化的态:一个以固定速率自转的球是稳定的,因为即便它不是静止的,在任何时刻看起来它都是等同的。 |
| 弦论 | 物理学的理论,在该理论中粒子被描述成弦上的波。弦具有长度,但没有其它维度。 |
| 强力 | 四种基本力中最强的,作用距离最短的一种力。它在质子和中子中将夸克束缚在一起,并将质子和中子束缚在一起形成原子核。 |
| 不确定性原理 | 海森伯表述的一个原理,该原理说,我们永远不能够精确地同时知道粒子的位置和速度;对其中的一个知道得越精确,则对另外一个就知道得越不精确。 |
| 虚粒子 | 在量子力学中,一种永远不能直接检测到的,但其存在确实具有可测量效应的粒子。 |
| 波 / 粒对偶性 | 量子力学中的概念,认为在波和粒子之间没有区别;粒子有时可以像波一样行为,而波有时可以像粒子一样行为。 |
| 波长 | 在一个波中,两个相邻波谷或波峰之间的距离。 |

弱力        四种基本力中仅次于引力的第二弱的，作用距离非常短的一种
          力。它作用于所有物质粒子，而不作用于携带力的粒子。

重量        引力场作用在物体上的力。它和质量成比例，但又不同于质量。

白矮星      一种由电子之间不相容原理排斥力所支持的稳定的冷的恒星。

虫洞        连接宇宙的遥远区域的时空细管。虫洞还可以连接到平行或婴
          儿宇宙，并且能够提供时间旅行的可能性。

# 感谢 史蒂芬·霍金

在撰写本书时,我得到多人相助。我的科学同仁毫无例外地激发我的灵感。在漫长的岁月里,我主要的合作者为罗杰·彭罗斯、罗伯特·格罗许、布兰登·卡特、乔治·埃里斯、盖瑞·吉朋斯、唐·佩奇和詹姆·哈特尔。他们有求必应,我非常感激他们,同时也非常感激我的学生们。

我的一名学生布里安·维特在准备本书初版时提供了许多帮助。矮脚鸡图书公司的编辑彼德·古查底还给我写下无数评语,使本书改善甚多。

如果没有眼前的这台交流系统,本书就写不成。这套称作平衡器的软件由加利福尼亚兰卡斯特文字处理公司的瓦特·沃尔托兹捐赠。我的语言合成器由加利福尼亚太阳谷的语音处理公司捐赠。剑桥适用通讯公司的大卫·梅森把合成器和手提电脑安装在我的轮椅之上。利用这个系统,我现在比失声之前能更好地与人交谈了。

在我撰写和修改此书的年代里,有过许多秘书和助手。对于秘书们，我应特别感谢茱迪·费拉、安·拉弗、劳拉·珍翠、谢瑞尔·比林顿和苏·梅西。我的助手为柯灵·威廉斯、大卫·托马斯、雷蒙·拉夫勒蒙、尼克·菲利普、安德鲁·杜恩、斯图瓦·詹米森、约纳逊·布连奇利、提蒙·汉特、赛蒙·基尔、琼·罗杰斯和汤姆·肯达尔。尽管我是残疾的，但是我的护士、合作者、朋友以及家人们使我的生命非常充实并能进行研究。

**图书在版编目（CIP）数据**

时间简史 / （英）史蒂芬·霍金著；许明贤，吴忠超译 . — 长沙：湖南科学技术出版社，2018.1
（2024.4重印）
（第一推动丛书 . 宇宙系列）
ISBN 978-7-5357-9456-7

Ⅰ . ①时… Ⅱ . ①史… ②许… ③吴… Ⅲ . ①时间—普及读物 Ⅳ . ① P19-49

中国版本图书馆 CIP 数据核字（2017）第 211980 号

湖南科学技术出版社通过中国台湾博达著作权代理公司获得本书中文简体版中国大陆独家出版发行权
著作权合同登记号 18-2015-149


**SHIJIAN JIANSHI**
**时间简史**

| | |
|---|---|
| 著者 | 印刷 |
| [英] 史蒂芬·霍金 | 长沙鸿和印务有限公司 |
| 译者 | 厂址 |
| 许明贤 吴忠超 | 长沙市望城区普瑞西路858号 |
| 出版人 | 邮编 |
| 潘晓山 | 410200 |
| 责任编辑 | 版次 |
| 李永平 孙桂均 | 2018 年 1 月第 1 版 |
| 装帧设计 | 印次 |
| 邵年 李叶 李星霖 赵宛青 | 2024 年 4 月第 10 次印刷 |
| 出版发行 | 开本 |
| 湖南科学技术出版社 | 880mm×1230mm 1/32 |
| 社址 | 印张 |
| 长沙市芙蓉中路一416号 | 7.5 |
| 泊富国际金融中心 | 字数 |
| 网址 | 151 千字 |
| http://www.hnstp.com | 书号 |
| 湖南科学技术出版社 | ISBN 978-7-5357-9456-7 |
| 天猫旗舰店网址 | 定价 |
| http://hnkjcbs.tmall.com | 39.00 元 |
| 邮购联系 | |
| 本社直销科 0731-84375808 | 版权所有，侵权必究。 |